U0239848

数据可视化设计指南

从数据到新知

蓝星宇 著

电子工业出版社
Publishing House of Electronics Industry
北京·BEIJING

内 容 简 介

本书介绍了数据可视化的基本原理和设计方法，适合初学者或希望系统学习数据可视化设计的读者阅读。本书特色：内容翔实，基于大量的中外案例，对数据可视化进行了多方位的解剖，展现了数据可视化的丰富性和趣味性；注重实践，提供了切实可行的工具、数据集和教程，供读者能够"在学中做，在做中学"；通俗易懂，将专业术语和学术成果转化为平实的语言，让知识不再"高冷"。

图书在版编目（CIP）数据

数据可视化设计指南：从数据到新知 / 蓝星宇著.—北京：电子工业出版社，2023.3
ISBN 978-7-121-45045-7

Ⅰ.①数… Ⅱ.①蓝… Ⅲ.①可视化软件–指南Ⅳ.①TP31-62

中国国家版本馆CIP数据核字（2023）第024630号

责任编辑：石　倩
印　　刷：北京东方宝隆印刷有限公司
装　　订：北京东方宝隆印刷有限公司
出版发行：电子工业出版社
　　　　　北京市海淀区万寿路173信箱　　邮编：100036
开　　本：720×1000　　1/16　　印张：18　　字数：346千字
版　　次：2023年3月第1版
印　　次：2023年3月第1次印刷
定　　价：109.00元

凡所购买电子工业出版社图书有缺损问题，请向购买书店调换。若书店售缺，请与本社发行部联系，联系及邮购电话：（010）88254888，88258888。
质量投诉请发邮件至zlts@phei.com.cn，盗版侵权举报请发邮件至dbqq@phei.com.cn。
本书咨询联系方式：（010）51260888-819，faq@phei.com.cn。

自序

对很多人而言，数据可视化可能是一个既熟悉又陌生的词。熟悉，是因为我们每天都在和数据打交道——我们会在起床时查看天气数据，会用手机和手环记录自己的健康数据，会用外卖软件查看骑手的骑行数据，会看股市和基金的数据，还会处理公司的业务数据……在这样一个信息化的时代，数据已经成为一种生活要素，乃至是生活方式。

以上的所有场景，无一不伴随着数据可视化。如果没有数据可视化，这些数据将停留在"数字"层面。设想一下，假如外卖软件只用文字显示骑手与你的距离，却没有显示地图，你在等餐时是否会焦虑一些？如果股市软件不显示 K 线图、不用红绿色展示涨跌，你在投资决策时是否会困难一些？因此，通俗地说，数据可视化就是一门让用户快速、准确地理解数据信息，进而对人产生价值的学问。

不过，尽管数据可视化已经无处不在，它作为一个特定的知识"领域"，或者说一项专门的"技艺"，却未必那么深入人心，这或许正是很多人对数据可视化感到陌生的原因。比如，在谈到"这张图是怎么画出来的？""背后的设计逻辑是什么？""这样的可视化是一个好设计吗？""怎样才是最优的设计"这些问题时，你可能会迟疑或犹豫。事实上，在当今社会喷薄而出的数据洪流之下，我们对数据的掌控力和解释能力，还远远没有发展到足够纯熟的境地。其中，数据可视化是一个不可忽视的环节。

本书的副标题"从数据到新知"，正包含了我对数据可视化的理解和期许。这句话的英文翻译是"From Data to Knowledge"。Data 指"数据"，它是我们从世界中取样、观测得来的"原材料"，是客观的、理性的。Knowledge 指"知识"，是我们懂得的道理、发现的规律，也是我们行为和判断的依据。数据和知识之间并不一定直接连通。有了数据后，我们首先需要对这些数据进行分析（如比较、取极值、算平均值等），才会产生"信息"（Information）。作为运算的结果，信息往往是事实性的。而在搜集了足够的信息后，信息之间可能会发生更深层的推理、整合，或者与我们脑中本身已经存在的信息产生对话，才会升华成"知识"（Knowledge）。

　　举个例子，我们在逛超市的时候，会浏览每种水果的价格，这些价格就相当于我们获得的原始数据。此时，如果我们只是匆匆一眼掠过，未加思考，那么这些数据也就只是停留在数字的层面了。相反，假设我们对价格进行对比，那么数据就会被加工为一些事实性的信息，比如"阳光玫瑰葡萄比一般的葡萄贵""最贵的水果是榴莲"等。再进一步，如果我们在对比完价格之后，又对"贵的水果都有什么共性"进行推理，就可能得到"进口水果比本地水果售价高"这一知识，即我们对水果售价规律的一个认知。

　　我想，优秀的数据可视化应当有利于从数据到信息、再到知识的转化。我们所追求的可视化，应当不仅仅是把数据画出来，而是帮助挖掘和彰显数据中的价值。如何让数据变得更清晰、更有效、更能发挥价值？这将是贯穿全文的出发点，也构成了本书的基本底色。

　　在具体的章节设置和行文上，本书则受到了一些现实需求的驱使，在此也提前做一个说明。

　　其一，尽管数据可视化的需求很大，但用什么工具来制作可视化，如何成功地把图表画出来，依然是一个比较广泛的痛点。因此，本书提供了详细的案例教学（主要在第 4 章），从原始数据开始，一步步演示从数据到可视化的完整分析、绘图流程。同时，在选取案例时，尽量兼顾了不同的使用场景、数据类型，以及数据分析的需求。

　　当然，这一痛点之所以存在，还有一个重要原因，那就是数据可视化的跨领域特征非常明显，既与数据分析有关，又与设计、开发有关。相应地，数据可视化工具的种类非常繁多、用户形态也非常多样，既可能是办公人员，也可能是数据分析师、程序员、设计师、新闻记者。不同类型的用户，擅长的技能不同，习惯使用的工具也不同。这使得我们在做工具教学的时候，常常难以覆盖所有人的需求。因此，为了让更多的读者受益于本书的教学，本书在介绍可视化工具时，为这些工具设立了优先级：优先介绍的是大部分人最熟悉的办公软件（如 Excel），其次是零代码、好上手的在线工具（如 Rawgraphs），接着是设计类工具（如 Adobe illustrator），最后是编程类工具（如 Python、D3.js）。换言之，当低门槛方法存在时，就优先介绍低门槛方法。当免费工具存在时，就优先介绍免费工具。

因此，本书并不是一本专门讲解某一个工具 / 软件用法的工具书。如果你希望深入地掌握某个特定工具 / 软件（如 Tableau、Python、D3.js、Processing 等），阅读专门的工具教程是不错的选择，市面上也有诸多优秀的图书。

而本书的重点，更多偏重于数据可视化的设计原理。尽管也会涉及到可视化的"技术实现"，我认为根本的还是需要掌握"技"背后的"道"。一个掌握了很多工具的人，不一定能创作出真正好的可视化作品。相反，一个懂得判断什么是好的可视化的人，在使用工具时却能更聪明，也更审慎。因此，本书会较多地讲解可视化图表背后的原理、图表的类型，以及图表的设计要点，帮助读者理解可视化的底层逻辑，从而做到举一反三。在案例教学中，我也将对每一个步骤进行解释和阐发，即，为什么这一步骤是必要的，从而让读者更深入地理解可视化设计的迭代过程。

"技术焦虑"是可视化初学者常见的一大困惑。"我不会用设计软件""我不会编程"，常常变成阻碍其学习可视化的绊脚石。因此，我也希望通过本书缓解一下读者的这类焦虑：可视化工具本身不是目的，学会所谓"高端"的工具也不是可视化的本质。找到最适合、最高效的工具，实现数据分析和价值挖掘，才是我们最终的目的。如果你可以用一些低门槛的工具就达成目的，为什么不先去试试呢？

其二，可视化是科学与艺术的结合体。艺术性的存在让可视化设计没有绝对的公式可言，并且有的时候非常依赖经验、感性和灵感。因此，根据我的观察，翻看设计案例是可视化创作中一个非常常见的需求。通过案例，你可以了解到某种图表的具体用法、判断它适合哪类数据集，还能学习他人的视觉表达技术和创意。当然，通过反面案例，你也可以避免自己重蹈覆辙。尤其是初学者，多看、多模仿是很好的入门策略。因此，本书在讲解过程中纳入了较多优秀的数据可视化案例，以期对书本内容有更形象、生动的阐发。希望阅读本书的你，也能有脑洞大开的感受。

好了，让我们一起踏上这段新奇的可视化之旅吧！

作　者

目录

⑤ 精益求精 打磨可视化设计 ／ 236

后记 ／ 277

① 引言
我们为什么需要数据可视化

1.1　什么是可视化

广义地讲，可视化是一种把抽象的事物用图形、图像呈现出来的方法。之所以这样做，是因为人脑在漫长的演化中，形成了强大的图形、图像处理能力。我们对于图形、图像的感知速度要远远快于文字。换言之，在进行信息传输时，使用视觉化的图形往往能够化繁为简、一目了然，帮助人脑快速识别和理解事物。

例如，千万年前，我们的祖先就将动物和人的形状勾勒在洞穴中。这其实就是把当时的真实场景用符号化的形式"可视化"在墙上。尽管只是一些简单的图形，但是我们在看到这幅图时，仍然能够快速识别出先民的生活内容，甚至想象他们的生活氛围。这些历史深处的故事就这样通过图形的方式，穿越到你我面前（见图1.1.1）。

图 1.1.1　阿尔塔米拉洞穴壁画，西班牙，距今至少 12000 年

再如，今天处处遍布城市空间的路标、图标，也是对抽象事物的"可视化"——
当我们看到一个巨大的"P"字符号时，就知道表示停车场；当我们看到一男一女两
个并排小人时，就知道表示洗手间。图 1.1.2 展示了一些常见的图标设计。可以看到，
这些可视化都是对现实中复杂的事物、概念进行了提炼和总结，并最终转化为简单
的图形，从而大大提升了信息的传达效率。

图 1.1.2　常见的图标设计

当然，今天人们常说的"可视化"，常常是更狭义的可视化，即特指对于**数据的**
可视化。所谓数据，是指"通过观测得到的数字性的特征或信息"。与上文的两个例
子类似，数据可视化具有使抽象数据具象化的能力（如无特指，后文中的"可视化"
都指数据可视化）。

按此追溯，最早诞生的数据可视化形态是地图。我们的祖先从很早的时候就开
始测绘山川、记录气象。人们将东、南、西、北这样抽象的方向概念，以及各个方
向上观测到的事物绘制在一张图上，从而帮助记录、辨识自然环境。只不过早期的
地图仍然以表意为主，很多时候并不符合科学规律（见图 1.1.3）。而从 15 世纪的大
航海时代起，全球性的地理大发现使得地理数据得到极大丰富，地图也逐渐走向科
学和精确。

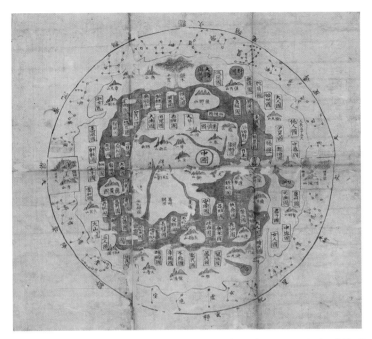

图 1.1.3　《山海经》残片中的地图，现藏于韩国国立中央博物馆。
世界被理解为一个圆形，"中国"被绘制在最中心

　　随着启蒙时代的来临，理性和科学得到张扬，数学、物理、医学等领域取得显著进步。与此同时，数据的采集和分析也逐渐成为一种科学研究方法，这自然也带来了数据可视化的大发展。值得注意的是，在以往，尽管地图作为一种数据可视化方法已经出现，但它仍然是一种比较具象的方法，比较写实，和绘画相对接近。18世纪以后，真正具有现代意义的、以抽象的几何形状组织起来的统计图表开始兴起。

　　例如，目前已知最早的柱状图、折线图、饼图都由苏格兰工程师、政治经济学家 William Playfair 绘制。图 1.1.4 展示了他于 1786 年绘制的折线图，对丹麦和挪威在 1700 年—1780 年间的进出口数据进行了可视化，黄线代表进口，红线代表出口。可以看到，数据被组织到了一个直角坐标系中（也被称为"笛卡儿坐标系"，由法国数学家笛卡儿于 1637 年提出），横轴表示时间，纵轴表示进 / 出口额。显然，这种把信息呈现在抽象几何空间的手法，已经与早期具象的、表意的地图大不相同。在经历了 17、18 世纪的积累和酝酿后，数据可视化在 19 世纪迎来了真正的爆发。因此，在许多可视化教学资料中，也把 19 世纪作为现代意义上数据可视化的开端。

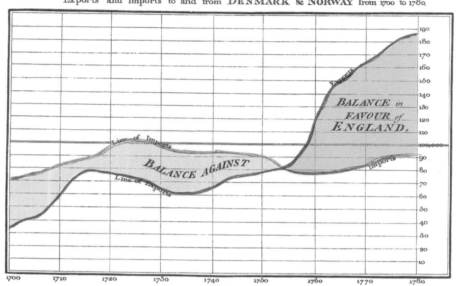

图 1.1.4　William Playfair 绘制的折线图（1786 年）

　　在 19 世纪，当时的自然和社会科学家已经可以比较熟练地运用各种数据图表来分析和解决问题。比如，19 世纪中叶，William Farr、John Snow 等人已经使用可视化来辅助分析欧洲的瘟疫随季节的变化情况，以及疫情在城市各个区域的分布等（见图 1.1.5）。

　　在经历了几个世纪的实践后，到 20 世纪中后期，一些系统性的可视化理论才有了显著发展。例如，法国著名制图师 Jacques Bertin 基于自己丰富的制图经历，总结了一系列可视化的规律和设计要点。如图 1.1.6 所示，虽然制图仍然是由手工完成的，但已经有较为规范化、标准化的工具和工艺流程。他于 1967 年出版的 *Semiology of Graphics* 一书，为当代可视化理论的形成打下了基础。

　　20 世纪 80 年代，以 William S. Cleveland 为代表的心理学家开始系统地评估可视化的有效性。同时，奠基性的可视化专著开始出现，如 Edward Tufte 的 *The Visual Display of Quantitative Information*，以及此后陆续出版的 *Envisioning Information*、*Visual Explanation* 等书。

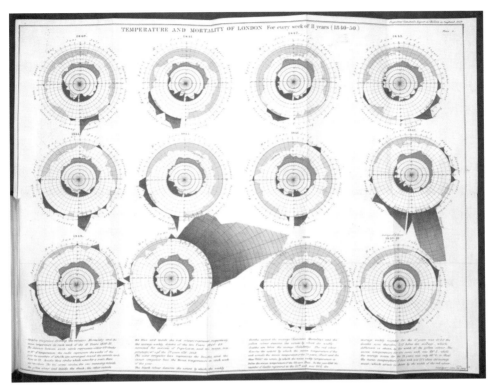

图 1.1.5　William Farr 绘制的伦敦瘟疫死亡率变化与温度的关系（1852 年），现藏于大英博物馆。该图表的设计用到了极坐标系，数据绘制于圆上

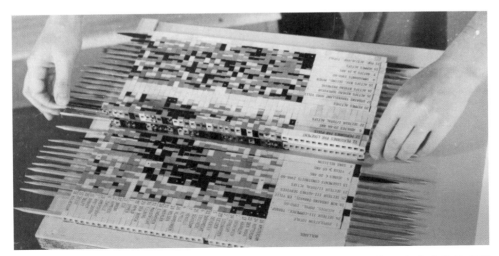

图 1.1.6　Jacques Bertin 时代的制图方法。Serge Bonin 拍摄，现藏于法国国家档案馆

进入信息时代，数据呈指数级爆发，真正渗透到各行各业。一方面，数据不再仅仅保存在纸张上，而是以电子化的方式存储于设备上，这使得数据的采集和录入更加便利。另一方面，由于人们的社会生活极强地与电子设备绑定，各种数据被不断上传、输送、下载，数据在高速交换中又不断产生新数据。在这样的滚雪球式的循环中，人们面临的往往不是数据的匮乏，而是如何从海量的数据中淘取价值，让数据为我所用。

信息革命也深刻地改变了数据可视化。首先，各种计算机软件和绘图工具的出现，使得可视化的制作门槛大大降低，人人皆可分析数据、可视化数据。可视化不再只存在于科学家的抽屉里，或是专业绘图师的作坊里，而是存在于每个人的电脑屏幕上（见图 1.1.7）。伴随计算机技术的蓬勃发展，带来了可视化的百花齐放，数据可视化的形态得到了极大丰富。除了静态的图片，还出现了可以交互的可视化网页、视频动画、AR、VR、3D 打印的可视化，等等。曾经被动的"读图时代"，走向了人与图的"互动时代"，数据可视化在数据挖掘、数据传达、艺术审美方面的价值得以进一步强化。

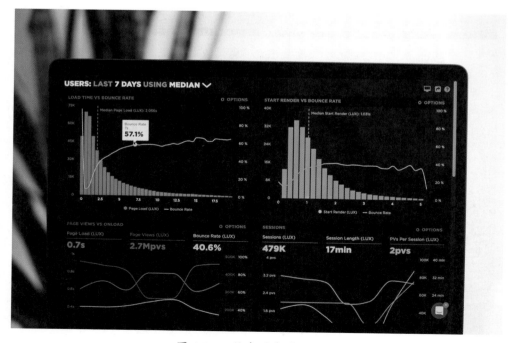

图 1.1.7　信息时代的可视化

1.2 数据可视化能做什么

具体而言，数据可视化的价值主要表现在以下几个方面。

第一，直观展示数据。

正所谓"一图胜千言"，可视化可以帮助我们更快速、更高效地理解数据，同时发现数据中的价值。

比如，柱状图可以帮助我们一眼看出取值的高低，折线图可以帮助我们了解事物发展的趋势，等等。尤其是，在数据规模特别庞大、数据维度多而复杂时，数据可视化"直观"的魅力更为突出。图 1.2.1 为 19 世纪的法国著名绘图师 Charles Minard 所绘，展示了拿破仑东征俄国却遭到惨败的历史故事。图中，线条的宽度表示拿破仑部队的士兵数量。橙色表示进入俄国时的兵力，黑色表示从俄国离开时的兵力。可以看到，拿破仑雄雄出征的大军，在回程时已经孱弱不堪。这张图表的设计可以说是十足发挥了可视化在辅助感知上的优势，仅用寥寥数笔就勾勒出了这场历史大败局。

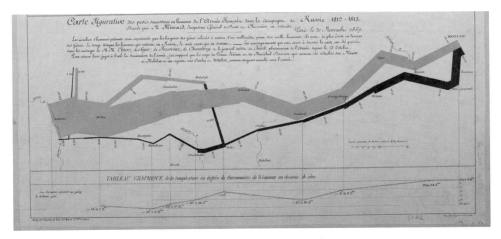

图 1.2.1 拿破仑东征图 [1]

再如，在新型冠状病毒感染疫情（以下简称"新冠疫情"）爆发初期，一些可视

1 Charles Minard, Carte figurative des pertes successives en hommes de l'armée française dans la Campagne de Russie 1812-13 (comparé es à celle d'Hannibal durant la 2 è mee Guerre Punique), 1869

化设计帮助了人们理解疫情是如何传播的，以及为什么戴口罩、保持社交距离是必要的。例如，如图 1.2.2 所示，设计师通过动态图表直观地展现了一个专业的医学结论：如果我们可以通过一些手段在前期缓和疫情的传播速度，那么受感染的人数会大大减少（即实线变平），且医疗承载能力会随之提高（虚线上升）。

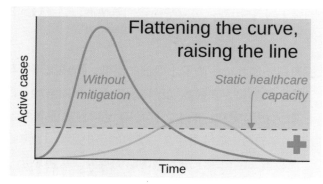

自然状态下的疫情传播

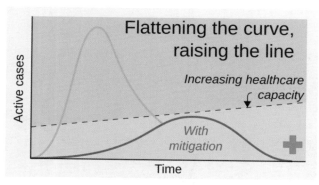

干预后的疫情传播

图 1.2.2　用可视化解释防疫的必要性。实线表示感染人数，虚线表示医疗能力[1]

　　数据可视化也可以和各种各样的媒介叠加使用。比如，在观看游泳、跑步等体育赛事时，我们会见到一些文字、柱形被叠加在转播画面上，以此告诉观众每个运动员的实时信息。比如，在图 1.2.3 左图的例子中，数据可视化可以告诉观众各赛道运动员的国籍、实时速度和排位情况。在有些情况下，画面中还会加入第一名运动员与世界纪录的身位差距。可见，数据可视化可以用较为简单的视觉图形，传递给

1　RCraig09，Flatten the curve，raise the line – pandemic (English)，2020

观众非常高密度的信息，并帮助观众更好地理解数据，做出判断和决策。

图 1.2.3　奥运会中的可视化。左：游泳比赛[1]，右：短跑比赛[2]

第二，辅助数据分析和数据挖掘。

作为数据分析中不可或缺的一环，可视化可以帮助我们更好地理解数据中的模式、规律或异常。

比如，当我们在进行数据分析时，很重要的一步是计算一些基础的描述性指标，如平均值、标准差、皮尔森相关系数等。但是，单单借助这几个数值，往往无法理解数据的全貌，甚至还有可能误解数据。在一篇论文中（见本章参考资料 [3]），研究者们曾讨论了一些案例（见图 1.2.4）。图 1.2.4 中展示了十余个由一列 x 和一列 y 构成的数据集。这些数据集 x、y 列的平均值和标准差都相同，且 x、y 列的皮尔森相关系数也相同。但是，如果用散点图将每一个数据点画出来，会发现这些数据集其实完全不同。可见，可视化可以帮助我们了解数据的真实形态。如果我们只看简单的统计指标而不进行可视化，则可能有以偏概全的风险。

再如，图 1.2.5 展示了统计学中经典的"辛普森悖论"。如果我们只看图 1.2.5 左侧的散点图，很可能认为数据呈现一个微弱的负相关关系（如回归线所示）。然而，

1　Jacob Kastrenakes, Colorful overlays will track athletes' speed during the 2020 Tokyo Olympics, 2019

2　Daily Mail Australia, 'It's like a spoiler, during the race': Channel Seven sparks debate over 'annoying' new graphic showing the speed of swimmers at the Olympics – but some viewers say they love it, 2021

如果我们对散点的类别进行着色，并分别在各类别内部进行相关性检验，就会发现每个类别内部的数据之间其实呈明显的正相关关系（如图 1.2.5 右图所示的两条回归线）。假如没有可视化，我们很难发现并理解这样的数据"蹊跷"。

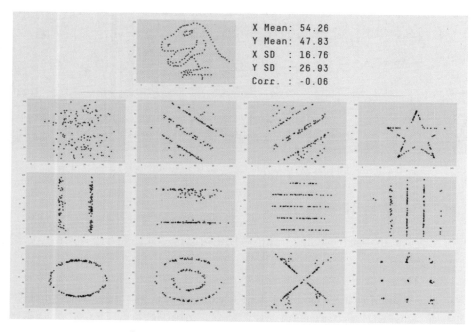

图 1.2.4　同样的统计指标，不同的数据

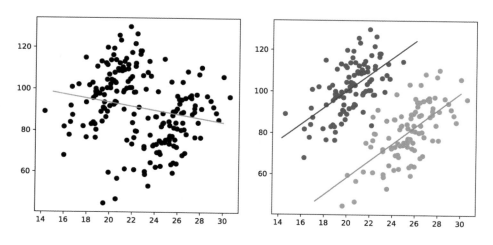

图 1.2.5　辛普森悖论

目前，鉴于数据可视化在各行各业的大量需求，使用数据可视化来辅助数据分析和挖掘已经发展为一门专业的学科，即"可视分析"。可视分析一般面向的是比较复杂的数据探索和挖掘需求，通过开发可视化的系统，来帮助用户实施特定领域的、较为完善的数据分析。例如，图 1.2.6 是一个专为分析微博事件而开发的可视分析系统（见本章参考资料 [4]），可以辅助用户进行微博转发行为、事件发展趋势、核心意见领袖等的分析。

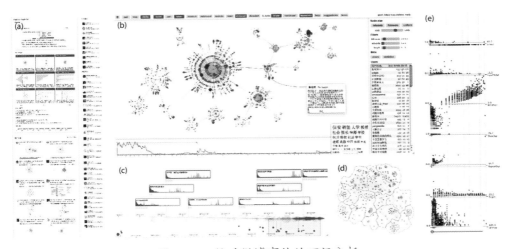

图 1.2.6　针对微博事件的可视分析

第三，带来美的感受。

数据的本质是数学，因而本身带有数学的规律、和谐之美。同时，可视化中视觉元素（如颜色、形状、布局）的运用也充满了艺术的想象空间。此二者的结合，使得可视化能够具备一定的审美价值。例如，图 1.2.7 采集了纽约证券交易所的实时声音数据，并对其进行可视化，将现实世界的忙碌和变幻转换为了数字化的图形。从审美的角度说，这幅图仅在视觉上就足够震撼、美妙。

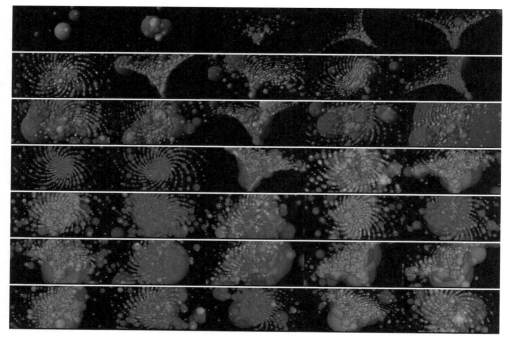

图 1.2.7　艺术可视化[1]

　　值得一提的是，这种审美的感受以往主要来自视觉，即，人们从"看图"中获得审美的愉悦。如今，技术的发展正在将可视化的呈现方式拓展到多重感官的层面，如听觉、触觉，甚至味觉。以后，我们可能越来越多地通过声音、触摸等方式，与数据产生连接。如图 1.2.8 所示，Thudt 等人（见本章参考资料 [5]）招募了一批用户，让他们用串珠、泥巴、纸笔等物品，对自己的一些日常数据进行可视化，并产出了许多有趣而可爱的结果。例如，有一位参与者使用了不同的串珠来表示她一天中的活动和心情，还有参与者把可视化做成了项链，令人感受到可视化的人文之美。

1　Kamila B.Richter, Emporium Spirit, 2005

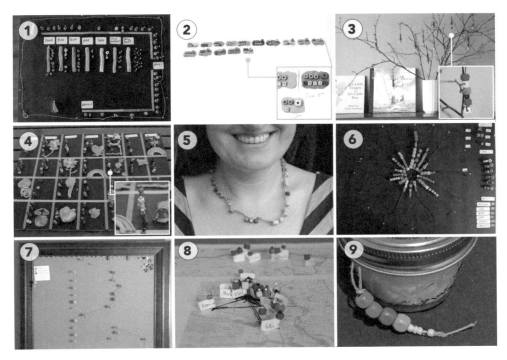

图 1.2.8　实物可视化

综上所述，我们列举出了数据可视化的 3 种价值：**直观展示数据、辅助数据分析和数据挖掘、带来美的感受**。那么，这 3 种价值有先后之分吗？回答是肯定的。对于不同的用户来说，这 3 种价值确实可能有不同的排序。比如，对数据分析师而言，尽可能多地挖掘出数据中有用的信息是最重要的；对设计师而言，可视化的美感可能处于相对重要的位置。

不过，尽管在不同的场景中，三者有着不同的侧重点，我们仍然希望尽可能地兼顾好各个方面，实现可视化的"信、达、雅"。这就要求我们更系统地了解 4 个方面的知识。

（1）理解数据和数据分析目标，选择合适的可视化手段。

（2）寻求最优的可视化工具。

（3）用这些工具顺利完成既定的数据分析和可视化目标。

（4）优化可视化设计，最大化可视化的效能。

因此，接下来，本书将分 4 章详细介绍以上内容。

- 第 2 章主要介绍各种可视化图表类型，以及它们对应的数据分析任务。
- 第 3 章主要介绍各类可视化工具，以及读者应当如何选择最适合自己的工具。
- 第 4 章用 4 个具体的案例呈现从原始数据到可视化的完整流程。
- 第 5 章主要讲解可视化的设计准则，以及如何让数据的传达更加有效。

参考资料

[1] Friendly M. A brief history of data visualization[M]//Handbook of data visualization. Springer, Berlin, Heidelberg, 2008: 15–56.

[2] 陈为 , 沈则潜 , 陶煜波，等 . 数据可视化 [M]. 第 2 版 . 北京：电子工业出版社，2019.

[3] Matejka J, Fitzmaurice G. Same stats, different graphs: generating datasets with varied appearance and identical statistics through simulated annealing[C]//Proceedings of the 2017 CHI conference on human factors in computing systems. 2017: 1290–1294.

[4] Ren D, Zhang X, Wang Z, et al. Weiboevents: A crowd sourcing weibo visual analytic system[C]//2014 IEEE Pacific Visualization Symposium. IEEE, 2014: 330–334.

[5] Thudt, A., Hinrichs, U., Huron, S., & Carpendale, S. Self-reflection and personal physicalization construction[C]// Proceedings of the 2018 CHI Conference on Human Factors in Computing Systems. 2018: 1–13.

❷ 图表纵览
认识可视化家族

2.1 视觉通道映射

制作数据可视化，离不开对图表的选择。但是，在实践中，我们可能经常碰到这样的问题：有哪些图表可以选择？怎样才能设计出更加多样的可视化效果？别人是怎么设计出如此新颖的图表的？

要解决这些问题，我们首先需要高屋建瓴地理解可视化的生成规律，或者说是"语法"。如第 1 章所言，1967 年，由法国制图师 Jacques Bertin 写作的 *Semiology of graphics*（见本章参考资料 [1]）已经提及了许多图形元素排列组合的方式。1999 年，美国统计学家、计算机科学家 Leland Wilkinson 更是在其出版的 *The grammar of graphics*（见本章参考资料 [2]）一书中指出，所有的可视化都可以由一系列规则装配出来，进行参数化表示。

目前最经典的可视化理论认为，可视化是特定种类的基础**标记**（Mark），沿着某个 / 某些**视觉通道**（Visual channel）进行映射的结果（见本章参考资料 [3]）。其中，常见的标记包括点、线、面、体等。而常见的视觉通道包括位置、长度、颜色、面积、形状、斜度等（见图 2.1.1）。所有的可视化都可以通过标记 + 视觉通道组合而成。

以柱状图为例，其表现数据的基础标记为"矩形"。同时，一个数值型变量被映射到了 y 轴的"位置"通道上（即用矩形的最高位置，表示数值的大小），一个分类型变量被等距地映射到了 x 轴的"位置"通道上。

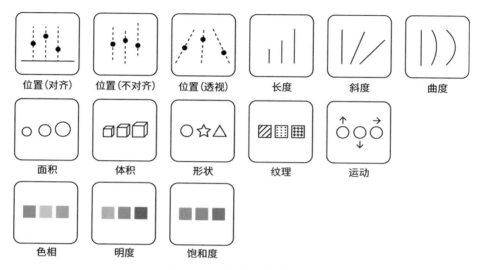

位置(对齐)　位置(不对齐)　位置(透视)　长度　斜度　曲度

面积　体积　形状　纹理　运动

色相　明度　饱和度

图 2.1.1　常见的视觉通道

理解了这一点之后，我们便很容易想到：是否可以通过改变柱状图的标记或者映射通道，以实现不同的可视化效果呢？

答案是肯定的。图 2.1.2 就展示了一些可能性。比如，我们可以把标记从矩形换成三角形，视觉映射通道不变，这就获得了一个三角形的柱状图。同样，如果我们把矩形换成点＋线，视觉映射通道不变，则获得了一个棒棒糖图。我们还可以把标记换成堆叠的圆点、拉伸的象形图标，或者堆叠的象形图标，这样就得到了点图、拉伸的象形柱状图，以及堆叠的象形柱状图。再或者，我们还可以保持标记不变，把数据的映射方向由原来的水平、垂直方向，改为圆形方向，由此就可得到一个圆形布局的柱状图。

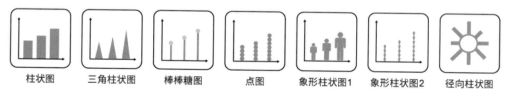

柱状图　三角柱状图　棒棒糖图　点图　象形柱状图1　象形柱状图2　径向柱状图

图 2.1.2　改变标记 / 视觉映射通道，使柱状图变体

通过这个例子，你可能已经体会到，我们日常所说的各种"图表类型"，本质上都是标记 + 视觉通道搭配和变换的结果。

当然，视觉通道也是可以叠加的。仍以柱状图为例，如果我们想要加强柱状图中不同类别的区分度，也可以再叠加一个"颜色"通道，这样，每一根柱子就会被赋予不同的色彩。我们也可以为柱状图中的每个类别叠加一个"形状"通道，比如用 3 种花朵的形象来表现 3 种花的类别。我们还可以既叠加"颜色"，又叠加"形状"，使得每个类别既有不同的颜色，又有不同的形状（见图 2.1.3）。换句话说，标记 + 视觉通道的选择，加上视觉通道的叠加，会使图表设计的可能性变得丰富和多样。

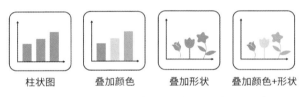

图 2.1.3　在柱状图的基础上叠加更多的视觉通道

让我们再来看一看散点图。从视觉通道映射理论来看，散点图的基础标记是"点"。每一个点的位置映射了两个变量，一个被映射到 x 轴的"位置"通道上，另一个被映射到 y 轴的"位置"通道上。

与前面的例子同理，我们可以通过改变散点图的基础标记、视觉映射通道，或者叠加新的视觉通道，来实现不同的可视化效果。

比如，我们可以将第 3 个数值型变量映射到散点的"面积"通道上，让散点的面积也变得有大小之分，这就得到了所谓的"气泡图"。

Gapminder 基金会推出的经典气泡图设计就是如此得来的（见图 2.1.4）——他们用 x 轴来映射世界各个国家 / 地区的人均 GDP 收入，用 y 轴来映射这些国家 / 地区人口的平均寿命，同时用气泡的面积来表示各国的人口数量。

　　此外，除了以上 3 个通道，这一设计还用了第 4 个通道——"颜色"，来表示各个气泡所属的大洲。比如，红色的气泡都是亚洲国家 / 地区。其中面积最大的两个红色气泡分别是中国和印度。从图 2.1.4 中可以看出，在 2017 年，我国的人均 GDP已经处于中等水平，同时，人口的平均寿命与发达国家差别不大。

　　总结而言，这一可视化作品共使用了 4 个不同的视觉通道来映射数据，可以说是信息密度很高，同时又十分有创意的一个设计。

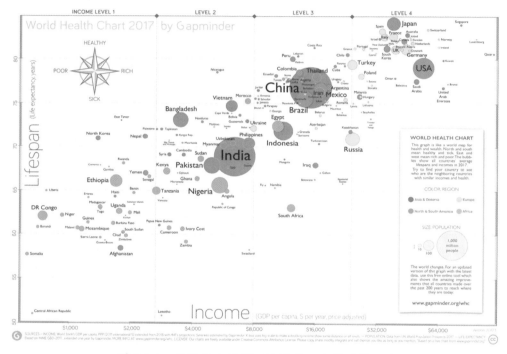

图 2.1.4　世界各个国家 / 地区收入与健康情况[1]

　　图 2.1.5 也展示了类似的设计方式。这一作品对各种哺乳动物的妊娠时间、最长寿命进行比较。其中，x 轴表示动物的最长寿命，y 轴表示妊娠时长，图形代表动物的类别（如灵长目、食肉目等）。与图 2.1.4 不同的地方在于，这幅图将圆形的气泡替换为了动物的形状，换句话说，作者使用了"形状"通道来映射动物的类别，以此获得了一幅象形散点图。

1　Gapminder.org, World Health Chart 2017

图 2.1.5　哺乳动物的最长寿命和妊娠时间对比

另外值得一提的是，尽管以上案例都使用了各种各样的视觉标记和通道，它们的布局仍然局限在直角坐标系以内，究其本质，是将数据按照规整的垂直或水平方向映射。近年来，突破这种四四方方的数据映射成为信息设计领域的一种新思路。

我们可以把数据映射到各种各样的曲线上。比如，图 2.1.6 所示的可视化均由工具 circlize（见本章参考资料 [4]）绘制，其共同点在于所有的数据都采用了圆形布局。

图 2.1.6 圆形布局的可视化

图 2.1.7 则使用了蛇形的曲线来映射各种动物的寿命时长。寿命最短的昆虫位于最左上方，寿命最长的巨型海龟位于最右下方。

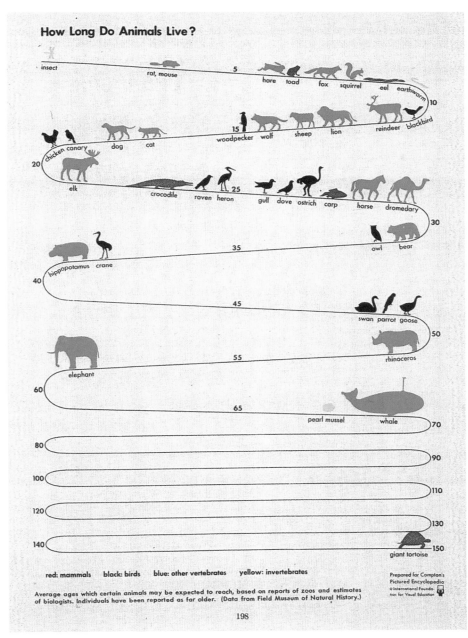

图 2.1.7 用蛇形布局展示动物寿命长短[1]

1 Compton's Pictured Encyclopedia, How Long Do Animals Live, 1939

事实上，数据的映射路径可以是任意形状、任意方向的，理论上讲，存在无限种选择。通过分析数据的映射通道，我们可以更方便地读懂图表的设计密码，也能帮助我们更自由地创作新颖的可视化。

目前，使用数据映射原理来实现可视化的思路已经被应用在许多可视化工具中。比如，商业分析软件 Tableau 的绘图流程，就是将数据字段拖到相应的视觉通道上，从而形成数据映射。前端图表库如 D3.js、Vega-Lite，也是通过"标记 + 视觉通道"的方式来实现图表绘制的。因此，可以想见，使用这些工具可以帮助我们跳脱出关于图表类型的分类思维，实现更加自由的可视化绘制。

2.2　按用途给图表归类

尽管从理论层面，所有的可视化图表都可以被转换为图形语法，但在现实场景中，人们仍然会有给图表分类、取名的需求。这一是为了我们能够迅速、高效地识别图表和使用图表，尤其是一些常见的、基础的图表；二是为了方便人与人之间的沟通，因为我们常常需要把图表"说出来"，或者向他人形容这个图表"是什么"。因此，接下来，笔者将按照图表的功能，对图表进行归类，并介绍常用的图表类型。总体而言，我们把图表的功能分为九大类：比较、趋势、占比、分布、相关性、层级、关联、逻辑示意、地理。

2.2.1　比较

比较类图表可以帮助我们对比两个或两个以上类别的数值。常见的比较类图表如图 2.2.1 所示，下面详细介绍。

柱状图。柱状图是最常见的图表之一，它主要是通过柱子的高低来比较类别之间的差异。在基础柱状图的基础上，可以延伸出一系列相似功能的图表。例如，将垂直的柱子旋转为水平，就获得了所谓的"条形图"。将柱状图的柱子替换成图标填充，即可获得"象形图"。再或者，我们也可以将柱状图中规整的矩形，替换为三角形、棒棒糖形等。此外，如上文所述，我们还可以更改柱子的布局，将之按圆形排布。

图 2.2.1 用于"比较"目的的常见图表

此时就不得不提到另一个和柱状图十分相似的图表——**南丁格尔玫瑰图**。与纯粹的矩形柱子相比，南丁格尔玫瑰图是用具有扇形特征的柱子来展示数据的，外形形似玫瑰，由英国护士、统计学家南丁格尔护士发明。例如，图 2.2.2 就使用了南丁格尔玫瑰图来展示各地区的新冠零新增天数，数据被映射到了扇形的高度上，而各个扇形的角度是一致的。

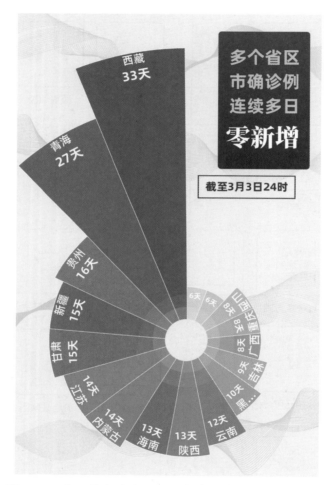

图 2.2.2　南丁格尔玫瑰图：具备扇形特征的径向柱状图

　　还有一种柱状图的变体，中文常称之为**玉玦图**。它使用了圆形布局，同时让柱子从圆的里圈向外圈排列，并随着圆形"扭腰"（见图 2.2.3）。尽管与图 2.2.2 呈现的是同一份数据，可以看到，图 2.2.3 的玉玦图在视觉上又呈现了不同的感受。

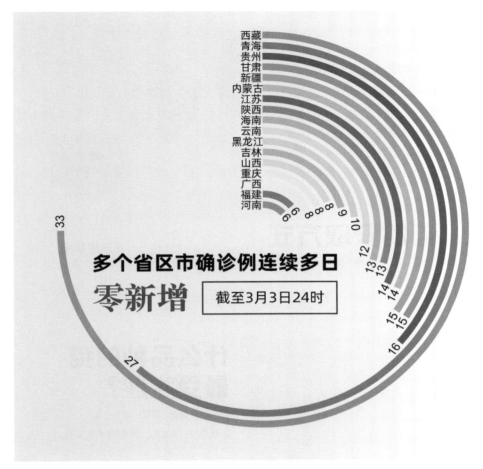

图 2.2.3 用玉珏图展示数量

面积图。除了使用"位置"这一视觉通道,我们还可以使用"面积"通道来比较数值。例如,圆面积图通过圆形的面积来展示数值大小,从而实现比较。比如,图 2.2.4 用圆面积图来表示人们的宠物猫是如何得来的。理论上,我们还可以把圆形替换为任何图形,如矩形、菱形等。图 2.2.5 使用了矩形面积来展示哪些品种的猫最受欢迎。

使用面积来展示数值的好处在于没有坐标轴,设计上灵活度也比较大。但是,也可能存在数据的表示不精准、数值映射错误等问题,我们在第 2.3 节会更深入探讨。

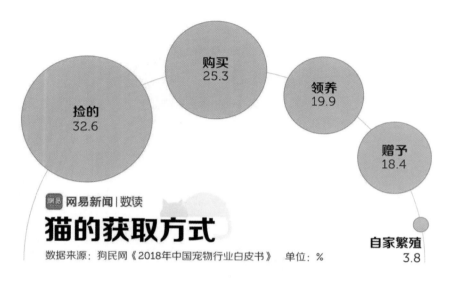

图 2.2.4　猫的获取方式[1]

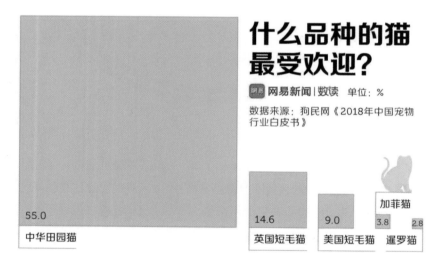

图 2.2.5　最受欢迎的猫品种[2]

1　网易数读，吸猫一时爽，一直吸猫一直爽，2019
2　网易数读，都是什么人在吸猫？多图……来吸猫啦！，2019

　　使用"面积"通道的另一种图表是**文字云**。它是专门针对文本类数据的一种可视化形态，经常用于展示词频或者词语的重要度。文字云是一种娱乐性较强的可视化，它在被发明之初就是为了给大众用户带来自由创作和分享的乐趣。文字云在展示数值方面并不高效，我们很难通过文字的大小搞清楚它的值究竟是多少，也几乎不可能认真阅读每一个词语。但是，文字云的长处在于可以让人一眼发现最重要的信息，并且在视觉上比较新颖、有趣。

图 2.2.6　南京大屠杀史料《拉贝日记》中的关键词[1]

　　除了"位置""面积"通道，"颜色"通道也可以用在数据比较上。最常见的图表当属**热力图**。例如，图 2.2.7 将数值放置于表格内，然后根据数值的高低进行着色，数值越大，则颜色越深，从而方便比较气温的差异。

1　蓝星宇、梁银妍 . 南京！南京！，2021

图 2.2.7　用热力图比较月气温

最后一种用于比较的图表类型叫作**单元可视化**。单元可视化的精髓在于，将数据以很细的粒度呈现出来（即一个最小"单元"），并通过这些数据点的聚合、分离，对数据进行分组和比较。比如，图 2.2.8 用小圆点来表示一部美国电影，并通过对这些圆点的组合，分析了美国电影产业的一些有趣特征，如动作、剧情和家庭片是最常见的电影类型。此外，设计者还叠加了颜色、尺寸等视觉通道来让单元可视化讲出更丰富的故事。例如，在用圆的大小来映射这些电影的票房高低后，我们会发现，最大的一个圆点对应的是电影《阿凡达》。

单元可视化的一大优势，就在于视觉上的灵活性。例如，在图 2.2.8 中，"单元"们既可以聚合成柱状图，也可以聚合成圆形。从这个意义上说，单元可视化也可以被认为是柱状图、圆面积图这种传统图表的变体，它通过呈现构成这些图表的原始数据，最大程度地展示了数据中的细节。

以上介绍了在进行简单的数据比较时可以用哪些图表。不过，在另一些时候，"比较"的任务可能会更复杂，一个典型的场景就是**类别之中还有类别**。设想一下，假如我们现在想对各个国家在奥运会上的奖牌数量进行比较，那么此时"国家"就是被比较的单一类别，用一个基础的柱状图就能达成目的。但如果我们继续追问，这些国家的金、银、铜牌数量谁多谁少呢？那么，这就相当于我们在比较"国家"

的同时，还要比较这些国家的"奖牌类型"。因此，"奖牌类型"构成了"国家"这个类别中的子类别。

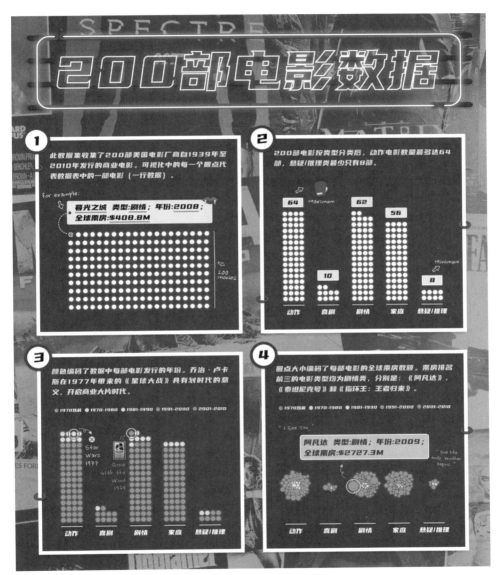

图 2.2.8　用单元可视化展示电影数据[1]

要解决这类问题，**堆叠类**和**分组类**的图表就需要登上舞台了。例如，图 2.2.9

---

1 吴妍秋，200 部电影数据（使用 Narrative Chart 创作）

使用了堆叠柱状图来展现 2022 年北京冬奥会上获得奖牌数量最多的国家及其奖牌构成。从图 2.2.9 中，我们既可以比较各国的奖牌总数，又可以比较金、银、铜牌的数量。

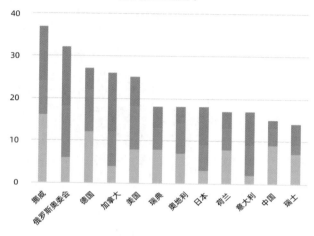

图 2.2.9　冬奥会奖牌数

如果将堆叠的柱子拆开并排放置，则有了分组柱状图。如图 2.2.10 所示，读者可以把这些国家夺得的金、银、铜牌数量放在同一水平线上比较。

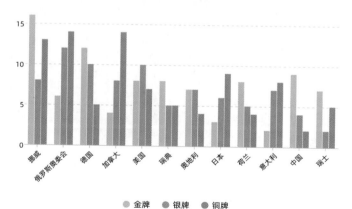

图 2.2.10　冬奥会奖牌数

不过，柱状图虽然常见，却也有一些不足。

第一，当要比较的类别很多时，柱状图的空间利用率不一定高。比如，我们可以想象一下，假如图 2.2.10 中的国家变得越来越多，那么每增加一个国家，就会多三根柱子，并挤压画面上已有柱子的空间。最后，分组柱状图将会变得越来越拥挤。

第二，由于柱状图的普遍使用，人们有时候会觉得这种可视化过于常规，因而希望找到一些替代它的、可以打破沉闷效果的图表类型。

图 2.2.11 所示的图表可以被视为是一种可能的解决方案。它采用了圆形布局的玉块图，并绘制了堆叠效果。这种设计看上去似乎确实比柱状图更有艺术感，同时，把数据按半径方向堆叠，也可以在一定程度上拓展数据的展示空间。不过，在玉块图中，内半径的数据明显看起来更"短"，而外半径的数据则被拉得更"长"，比例失真的问题比较严重。

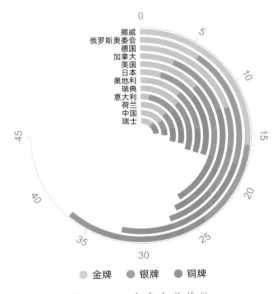

图 2.2.11　冬奥会奖牌数

还有一种比较合适的解决方案是堆叠的南丁格尔玫瑰图，如图 2.2.12 所示，南丁格尔护士在设计这一图表时，主要是为了分析战争中士兵的死亡原因究竟是什么。

图中，每一个扇形对应了一个月的死亡人数。每个月份中，又拆分了 3 种颜色，代表 3 种死亡原因。其中，蓝色代表战争中可预防的死亡人数，红色代表死于战场的人数，黑色代表死于其他原因的人数。

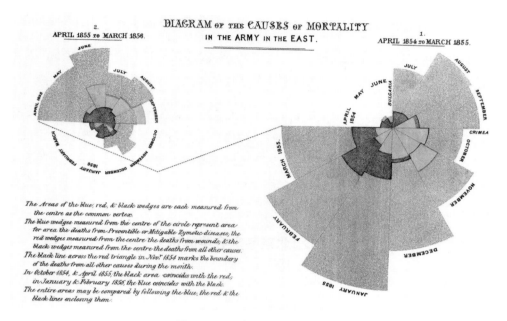

图 2.2.12　南丁格尔玫瑰图

　　这一数据结构也是典型的"类别中的类别"，其实也可以用堆叠柱状图来展示。但是，南丁格尔护士在汇报这一数据时，没有选用常规的统计图，而是把所有的柱子都安排在了一个圆形布局上，用扇形的半径来替代柱子的高度。一方面，这种形似玫瑰的新奇图表更容易引起政策制定者的注意。另一方面，圆形布局会对数据产生一定扭曲，位于外圈的数据看上去面积会更大，使得这张玫瑰图最终非常强烈地传达了这样一个观点：在所有的月份中（尤其是冬季），因为可预防因素（蓝色）而死亡的人数都是最多的。换句话说，士兵大多死于简陋的营地医疗条件，而非直接死于战场。因此，对于政策制定者来说，当务之急是提高前线医院的卫生水平，以挽回士兵不必要的生命损失。

　　当然，客观地说，南丁格尔玫瑰图这种可视化的出现，有其依赖的社会背景和具体诉求，不一定适用于所有数据和所有情景，尤其是它对数据的准确度，历来也争议颇多。

于是，我们不禁要问：有没有一种办法，既可以不扭曲数据，又可以优化柱状图的视觉表达呢？

答案是有的。图 2.2.13 所示的图表名为**杠铃图**，因形似杠铃而得名。它的特点是，把数值简化为一个小点（即，用"点"的数据标记代替柱状图中的"矩形"标记），然后用线将两个或多个点连起来，以进行类别之间的比较。

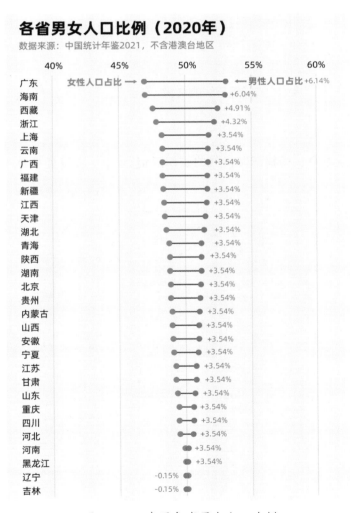

图 2.2.13　我国各省男女人口比例

　　例如，图 2.2.13 比较了我国 31 个省份（不含港澳台）男女人口比例的差异。也就是说，我们共对 31 个类别进行了比较，且每个类别里又包括男性人口比例和女性人口比例两个数据指标。如果仍然用分组柱状图来呈现，那么共需要画 31×2=62 根柱子。但是，使用杠铃图之后，每个省对应的两根柱子被合并成了两点一线，从而大大节省了空间，并保证了数据的呈现是清晰的。比如，从图中可以很快看出，广东省的男女人口差距是最大的，男性比女性多了 6.14%。而纵观全国，只有辽宁、吉林两个省出现了女性人口多于男性的情况。

　　不仅如此，杠铃图还可以用在多组数据的比较上，并叠加颜色、纹理等视觉通道，展现更丰富的数据信息。比如，图 2.2.14 使用这一理念对上海杨浦区的一系列近代纺织厂进行了可视化。图中的每一行对应了一家纺织厂的变迁史，颜色代表资本归属，纹理表示存续状况。最终，这些点与线的结合，展现了这些纺织厂是如何被转手腾挪、兴起和衰败的。

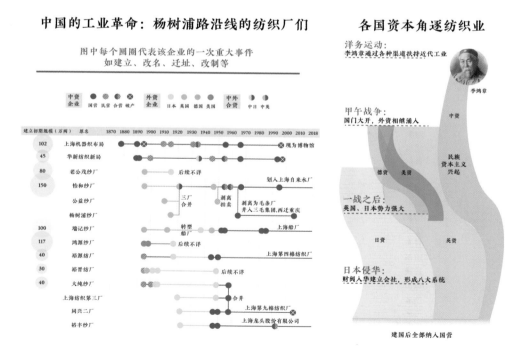

图 2.2.14　上海近代著名纺织厂的演变史

另一种与之相似的图表是**斜率图**。这种图将要比较的对象分别放在左右两端，然后通过连线展示它们的差异。例如，图 2.2.15 使用斜率图来展示了使用网约车出行（左）和使用私人汽车出行（右）的成本，每一条斜线代表一个美国城市。比如，在纽约，使用私家车出行要比打网约车出行的成本高出 70 多美元。而达拉斯则是唯——个开私家车更便宜的城市。

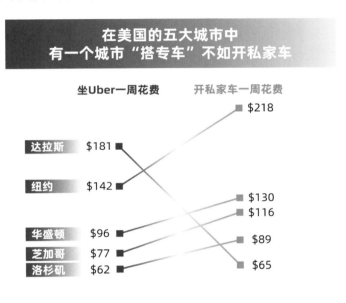

数据来源：Sarah Bartlett, Uber vs. Car Ownership #SWDChallenge

图 2.2.15　使用斜率图比较网约车和私家车出行的成本

以上介绍的图表常用于单维度数据的比较，即比较的目标对象只有一个。举个例子，假设现在有一位老师想要比较全班学生的语文成绩，就可以用到柱状图、玫瑰图、玉块图等；如果老师想要比较男生、女生在语文成绩上的差别，则可以用到堆叠的、分组的、作差的图表。但归根到底，老师要比较的东西都只有一个，即语文成绩。

但是，如果这位老师想在一张图里同时比较这些学生的语文、数学、英语成绩（即比较的对象不止一维），应该怎么办呢？这里介绍几种常见的用于**多维度数据比较**的图表。

　　雷达图。雷达图有几个放射的轴，代表不同的数据维度（如语文、数学、英语）。我们先在每个轴上找到对应的取值点，然后将这些点连接起来，就可以看到一个雷达状的图形，从而看出该学生的擅长科目。在游戏和体育竞技中，雷达图也常常用来评估一个人多方位的能力。

　　图 2.2.16 展示了一种五维的情况——心理学中的"大五人格"从外向性、进取性、情绪性、宜人性、尽责性 5 个维度，对人的性格进行评估。例如，图 2.2.16 所示的这位测试者就有着较高的进取性，但性格的宜人性较低。

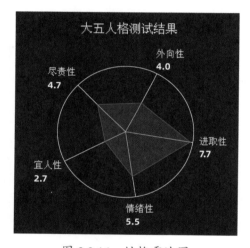

图 2.2.16　性格雷达图

　　当然，雷达图也有它的局限性。比如，如果维度达到十几维，难道要用十几边形来呈现数据吗？这无疑会造成视觉混乱。

　　造成这一弱点的根本原因是雷达图的布局方式。由于雷达图是按圆形布局的，数据也只能按照角度来映射到圆的不同方向。因此，我们可以尝试改变可视化的布局，从而拓展数据展示的空间。具体地说，我们可以将雷达图的轴全部"抽出来"，按水平方向依次排列整齐，然后，按照同样的道理，先在每一根轴上找到取值点，再把这些点连接起来，以此类推，画出所有的数据。

这样得到的图表也有一个专有名称,叫作**平行坐标系**。

比如,图 2.2.17 使用平行坐标系来展示一份关于兰花的数据。每种颜色代表一个具体种类的兰花。同时,另外 4 根轴代表 4 个维度的信息,包括兰花花萼的长度、花萼的宽度、花瓣的长度、花瓣的宽度。从图 2.2.17 中可以看到,不同的兰花品种在花朵的形状上相差较大,例如,1 号种类的兰花有着最长、最宽的花瓣。相比雷达图,平行坐标系显然可以承载更多的维度和更大的数据量。

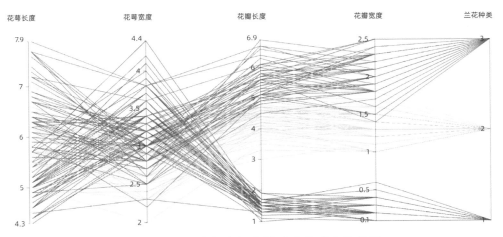

图 2.2.17 用平行坐标系展示多维度生物数据

另外一种思路则是**把空间等分为几个象限**,然后用不同象限来映射不同维度的数据。

比如,图 2.2.18 是一个关于国民健康登记数据的可视化。它把空间拆分为两个象限(即上下两个半圆),上面的半圆表示各个洲的国家登记出生人口的比例,下面的半圆表示这些国家登记死亡人口的比例。可以看到,非洲国家(左上)登记过的出生人口只占所有出生人口的 44%,同时,只有 10% 的死亡人口被登记入册了。相比之下,欧洲国家(右下)的登记比例则高得多,几乎所有的出生人口和死亡人口(98%)都进行了登记。

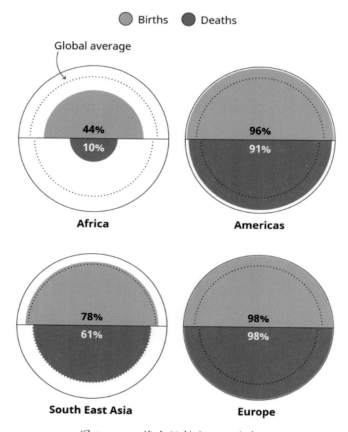

图 2.2.18 将空间拆分开两半[1]

　　据此思路，我们当然还可以把空间拆分出更多象限。例如，图 2.2.19 所示为由经济合作与发展组织（OECD）推出的"美好生活指数"（Better-Life Index），通过住房、收入、工作、社区、教育等 11 个指标来计算各国的美好生活水平。由此，每个国家相当于对应了 11 个维度的数据。为了对这些数据进行可视化，设计者巧妙地将空间分为 11 个象限，并采用了花瓣的形状来进行数据编码，用不同的颜色来代表不同的数据维度。于是，每个国家就变成了一枝鲜艳绽放的花朵。同时，这个项目还支持丰富的交互。用户可以将鼠标光标移动到花朵上，查看每个花瓣的具体数值（见图 2.2.19 中的柱状图），也可以根据不同的指标来对花朵进行排序。

1　WHO, SCORE global report 2020: a visual summary, 2020

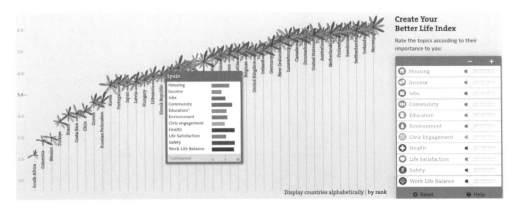

图 2.2.19　"美好生活指数"可视化 [1]

从这个案例中还可以看出，作者试图用可视化图形模拟花朵的意象，以迎合该设计的主题——美好。

事实上，这种将抽象图形进行具象化、图案化的手法，在多维度数据可视化里十分常见。其思路与上述图表一致：先对空间进行分区，每一个区域代表一个维度的数据，然后用特定的图案（Glyph）来表现数值，这些符号可以是几何形、花瓣形，当然也可以是任意形状。

比如，一个十分有趣，但争议颇多的编码方式叫作切尔诺夫脸（Chernoff face），由应用数学家、统计学家和物理学家赫尔曼·切尔诺夫于 1973 年发明。它使用人脸上的元素（如脸型、眼睛、眉毛、鼻子、嘴巴）来映射数据（见图 2.2.20）。自诞生以来，Chernoff face 一直饱受诟病，因为它在呈现数据时并不清晰，读者很难通过眼睛或鼻子感知到数据的取值到底是多少。不过，作为一种艺术手段，Chernoff face 却有着不同于统计图表的吸引力。现今，我们看到的很多偏艺术的可视化设计都与 Chernoff face 的精神相通。

例如，图 2.2.21 用了社交媒体上常用的 Emoji 表情来替代传统的 Chernoff face。图 2.2.21 中的每一张人脸代表美国的一个州，人脸的颜色、嘴巴形状、眉毛形状、双下巴宽度、眼睛大小、黑眼圈深度分别对应了一系列社会数据，如人民无保险的比例、贫困率、失业率、肥胖率、本科率及睡眠状况。如，睡眠状况越差的州，人脸上的黑眼圈会越重。肥胖率越高的州，双下巴的宽度越大。此外，为了帮助用

1　OECD, Better-Life Index

户更好地理解每张脸的意义，该项目还加入了交互功能。用户将鼠标光标移动到每张脸上时，就会显示对应的数据。

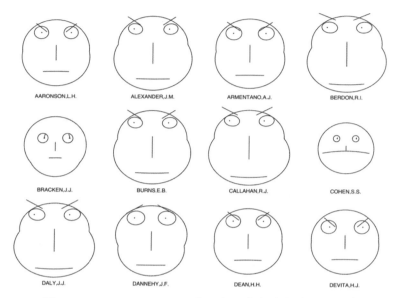

图 2.2.20　Chernoff face：用人脸元素来映射多维数据[1]

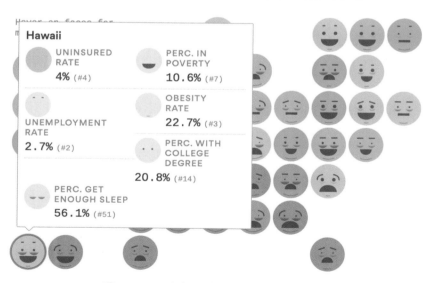

图 2.2.21　现代版的 Chernoff face 设计[2]

1　维基百科，Chernoff face
2　Lazaro Gamio, The Emoji States of America, 2017

图 2.2.22 则跳脱了人物的图形，而是采用生活用品的图形来进行多维数据的可视化。作者将加拿大多伦多一个月的天气数据映射到了柠檬水上，共计 4 个维度：水的高度表示最高温度，水的颜色表示今年温度与去年的差值，冰块的数据表示降水量，柠檬片代表是否需要空调。

这类可视化比较巧妙地将多维数据整合在了一个密集的空间中，同时采用的图形也具备一定的意义。但是，它们也存在和 Chernoff face 一样的隐患，那就是数据的清晰性会受到一定影响，以及需要读者理解、分辨较长的时间，因此更偏向于艺术赏析。

图 2.2.22　用柠檬水元素来映射多维数据[1]

1　Alyssa George, 31 Days of Refreshing Lemonade

总的来说，这类数据可视化存在许多自由创作的空间。很多艺术性较强的作品也从属于这一类别之下。但值得提醒的是，在对多维度数据进行个性化编码时，需要尽量让图形"有意义"，能被读者快速地理解。同时，设计师也需要提供清晰的图例，帮助读者理解编码的意义。

2.2.2　趋势

趋势类图表旨在展示数据随时间的变化情况。绘制趋势类图表至少需要一个时间变量（见图 2.2.23）。

图 2.2.23　用于展现"趋势"的常见图表

首先，很多出现在"比较"类别中的图表，当它们的一个视觉通道映射了时间变量时，也可以用来呈现趋势，比如柱状图、棒棒糖图、象形柱状图、玫瑰图、圆面积图等。例如，我们可以用柱状图的 x 轴表示时间，y 轴表示数值的变化。

接下来着重讲解一些更加有针对性的、用于展现趋势的图表类型。

首先是**折线图**。折线图的基础视觉图形是"线"。从视觉上说，这给人一种流畅、演化的感觉，符合时间带给我们的感受。可能也是基于这个原因，折线图被发明的时间较早，同时也是目前应用最广的表达时间的图表。比如，在 18 世纪，制图师就用折线图来反映国家的进出口数据（见图 2.2.24）。

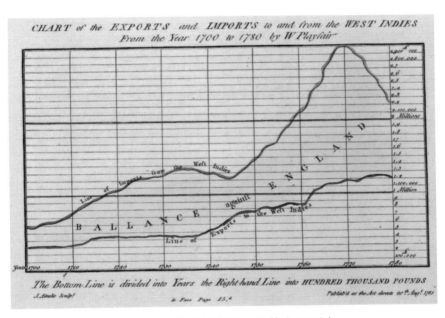

图 2.2.24　早期折线图，绘制于 18 世纪

其次是**面积图**。面积图的视觉映射方式和折线图基本相同，也是用连接的线条来表现时间。面积图主要的特点是会对线条与坐标轴之间的空间进行填色（见图 2.2.25）。

需要说明的是，尽管折线图和面积图是最常见的展现趋势的图表，它们也并非适用于所有的时间类数据。因为将两个点用直线段连接起来，实际上就默认了两个点之间存在线性变化关系，这在现实世界中不一定成立。

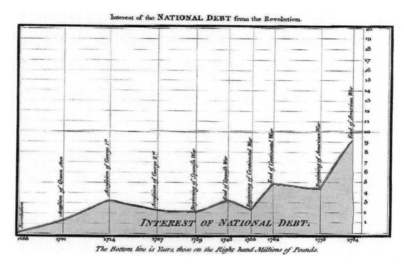

图 2.2.25　早期面积图，绘制于 18 世纪

　　比如，央行的基准利率在大部分的时间里都是恒定的，只是在某些时间点会有政策出台，对其进行调整。如果我们要绘制该利率的趋势图，就不应使用折线图，而是要使用**阶梯图**。这种图在点与点之间呈水平线，表示这一段时间里数值都没有变化（见图 2.2.26）。

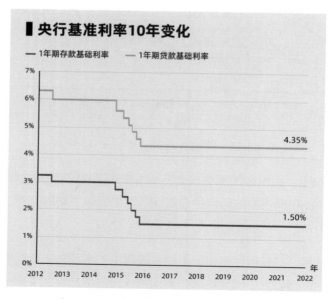

图 2.2.26　用阶梯图呈现央行基准利率

在一些展现趋势的可视化作品中，设计师也会对图形进行圆形布局。这种径向的可视化比较适合展现周期性数据（如周、季度、年），以及时间跨度比较长的数据（因为把数据"卷"起来比较节省空间）。

例如，图 2.2.27 显示了近代上海的外商企业增减情况。柱状图从 12 点钟方向（代表 1843 年）开始，顺时针运动，直到 12 点钟方向截止（代表 1949 年）。可以看到，总体而言，外商自鸦片战争起开始入华，在 20 世纪 20 年代—20 世纪 30 年代大规模爆发。

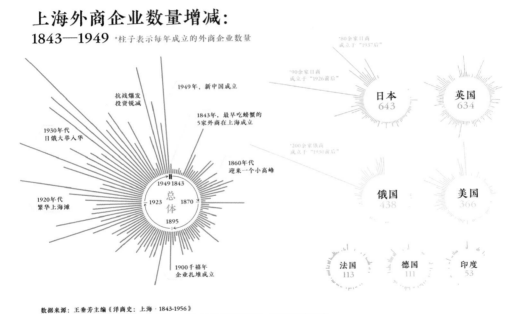

数据来源：王垂芳主编《洋商史：上海·1843-1956》
*注：数据集内有几处较模糊的表述，如俄商有200余家成立于"1930年前后"，在图中处理为1930年，日商有90余家成立于"1926年前后"，在图中处理为1926年，日商有80余家成立于"1937年后"，在图中处理为1937年。

图 2.2.27　上海 1943—1949 年外商企业数量增减情况[1]

图 2.2.28 则使用了径向的面积图来展现婴儿的出生时间。其圆形布局迎合了时间沿顺时针方向流逝的理念，正上方代表午夜，正下方代表正午。若出生数量高于均值，则朝向外圈，用橙色表示。若低于均值，则朝向内圈，用蓝色表示。结果显示，婴儿出生的高潮时间在白天，尤其以早上 8 点左右及中午 12 点过后为峰值。

1　蓝星宇、梁银妍、叶霄麒，寻路上海滩，2019

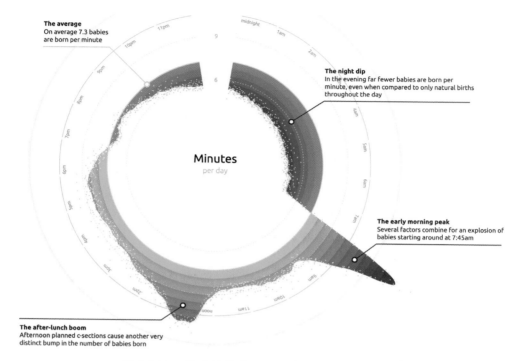

图 2.2.28 婴儿最常在一天之中的什么时间出生 [1]

　　此外，面积图还有一个近亲——**河流图**。河流图也用填色的方式来展现数值，但不同之处在于它的填色区域并不是按照底端对齐的，而是垂直居中对齐。如图 2.2.29 所示，这种图表有着形似水流和声波的外观。该图表现了我国政府工作报告中一些关键词的变化趋势。

　　除了基础的统计图，还有一些较为常见的图表也可以用来表现趋势。

　　例如，**漏斗图**是一种在企业中常用的可视化类型，用来表示预算、流量等随时间变化的指标。正如"漏斗"其名，这种图表的形状就给人一种不断过滤、筛选的感觉，因此理解起来非常直观，适合用来展示某一个特定对象随时间变化的情况。比如，对于电商公司来说，可以由此了解用户从进入网站，到最终购买商品的转化情况（见图 2.2.30）。

1 Nadieh Bremer and Zan Armstron, Creating the Scientific American "Baby Spike" visual, 2017

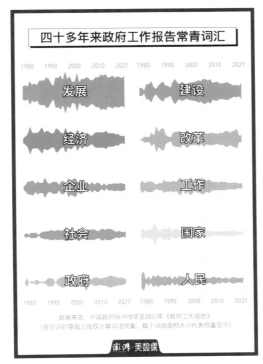

图 2.2.29 用河流图展现政府文件关键词[1]

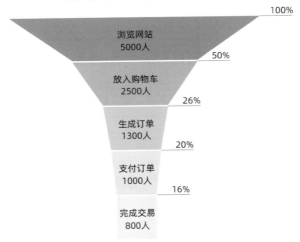

图 2.2.30 用漏斗图展示用户留存与转化

1 澎湃美数课，数据说两会 | 1978 年到 2021 年政府工作报告关键词盘点，2021

　　如果想要展示某个事物的发展历程、某个人的生命历程等，则可以使用**时间轴**。时间轴的具体设计方式有很多，常见的有线性布局、圆形布局、蛇形布局、螺旋形布局等。Brehner 等学者曾经对时间轴的设计进行了总结（见本章参考资料 [5]），结果如图 2.2.31 所示。时间轴的设计被拆分为 3 个维度，每个维度中又包括一系列常见手法。

　　（1）形状：线性、径向、表格、螺旋、其他曲线。

　　（2）时间尺度的表现方式：线性时间、相对时间、对数时间、按顺序的事件、按顺序的事件 + 事件间隔。

　　（3）布局：单条时间线、多条并列时间线、折返时间线、多条折返时间线。通过组合这些设计手法，我们就可以获得特定的时间轴设计。

　　例如，图 2.2.32 在对地球演化历史进行可视化时就使用了螺旋形的形状，它的时间尺度是线性的，同时采用的是单条时间线的布局。

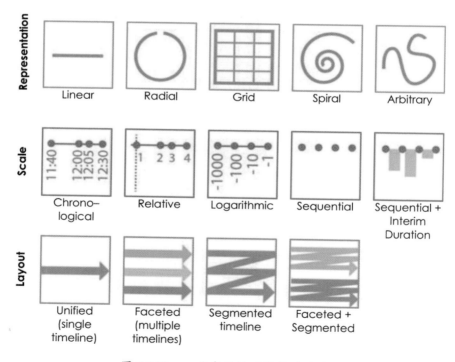

图 2.2.31　一些常见的时间轴设计手法

图 2.2.32　螺旋形时间轴展示地球演化历史[1]

　　如果想要呈现一段时间内的任务分配和进展情况，最常见的则是**甘特图**。这种图将任务拆分成一个个小模块，然后按时间排列，如图 2.2.33 所示。

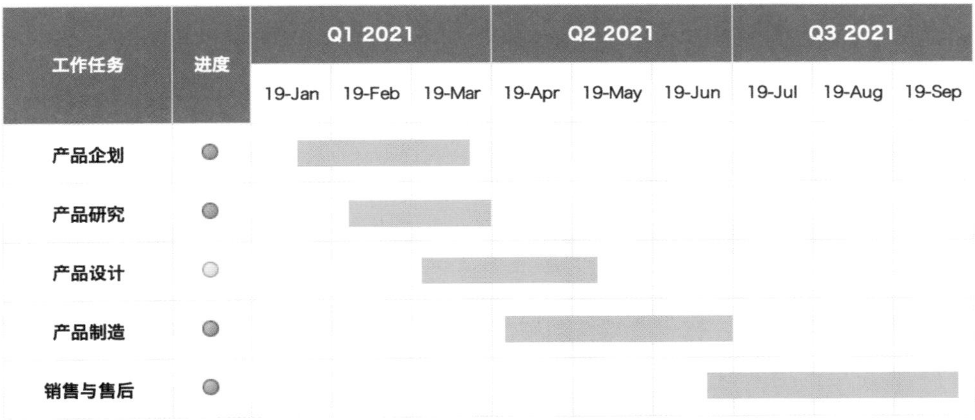

工作任务	进度	Q1 2021			Q2 2021			Q3 2021		
		19-Jan	19-Feb	19-Mar	19-Apr	19-May	19-Jun	19-Jul	19-Aug	19-Sep
产品企划	●									
产品研究	●									
产品设计	○									
产品制造	●									
销售与售后	●									

图 2.2.33　甘特图，常用于项目进度规划

1　United States Geological Survey, Geological time spiral

如果可视化的重点是需要展示一段时间内数值增、减变化的具体过程，以及其对总值的影响，则推荐使用**瀑布图**。瀑布图的原理类似于堆积木，如果数值增加，则往上搭一块积木；反之，则削减一块积木，以此得到该时间点的取值。因此，从理论上讲，瀑布图既可以达到折线图的作用（即展示每个时间点的取值），又可以展示数值变化的步骤和细节。

比如，图 2.2.34 所示为一个用瀑布图可视化的个人账本，从图上我们可以看到账本主人的收支情况是如何变化的。

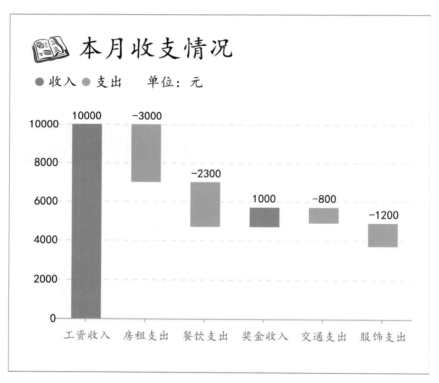

图 2.2.34　用瀑布图展示收支增减情况

用于展示趋势的还有一些特殊图表。例如，在股票市场中，**蜡烛图**（也称 K 线图）是最主要的用来表现趋势的图表。这种图表专为股市而设计，图上包含了开盘价、收盘价、最高价、最低价等信息（见图 2.2.35）。

图 2.2.35　蜡烛图 [1]

　　此外，还有一种相对特殊的图表类型，被称作**条带图**。这种可视化方式由于图 2.2.36 的流行而广为人知。它主要通过沿纵向大量切割矩形，来呈现趋势变化。例如，在图 2.2.36 中，作者将 2000 年来的地球气温用矩形条的方式呈现，越红代表温度越高，条带的宽度表示时间的长短。从这个可视化作品中，我们可以明显感知到全球变暖的趋势。

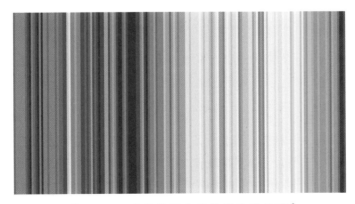

图 2.2.36　用条带图直观呈现气候变暖 [2]

1　Yahoo! Finance, Apple Inc. (AAPL)
2　Ed Hawkins, Warming stripes, 2018

2.2.3　占比

占比指的是某一项 / 某几项数据在总体中的比重（见图 2.2.37）。

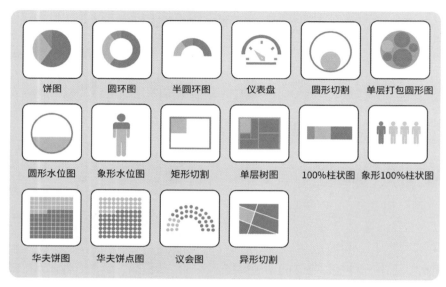

图 2.2.37　用于展现"占比"的常见图表

计算占比，一个很重要但又容易被忽略的前提是，数据之间存在"总体—局部"的关系。例如，一个班级的所有同学，由男同学和女同学构成，因此，男生加女生构成了一个总体（100%），我们可以计算男生、女生占所有同学的比重。相反，假如数据并不能构成一个总体，那么就不适合使用占比的可视化方法。

占比类的图表，最为常见的当属**饼图**和**圆环图**（又被称为甜甜圈图）。这两种图表都是用圆的"角度"通道来表示占比大小的。唯一不同的是，饼图只有一个半径，而圆环图有两个半径（内半径 + 外半径），且内半径的大小可以调节。

此外，在这两种图表的基础上，还可以延伸出**半圆环图**和**仪表盘图**。前者相当于将圆环图截半，用圆的 180 度角表示 100%。仪表盘图则是一种更加具体的变体，采用了类似车载仪表盘的外观，其本质上是加了指针的圆环图。尽管外形有所区别，但以上几种图表的共性还是非常突出的：都是用圆的角度来映射比例。比如，图 2.2.38 使用了这些等价的图表来呈现陆地和海洋的占比关系。

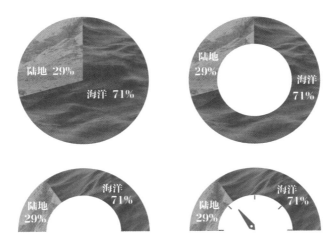

图 2.2.38 扇形家族

当然，使用"角度"来映射占比并不是唯一的方法。在可视化设计中，还有一个视觉通道也常常用来映射比例："面积"。其方法是，先将总值（100%）映射成为一个形状，然后从中分割出特定的面积，表示占比。例如，图 2.2.39 来自 1660 年出版的 *Harmonia Macrocosmica Star Atlas* 一书。作者正是通过嵌套圆形的方式，来刻画天体的比例。

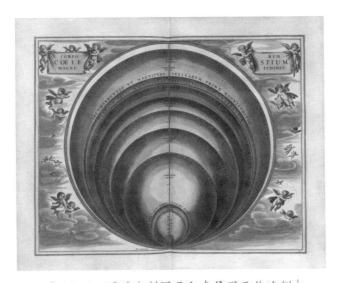

图 2.2.39 通过分割圆面积来展现天体比例[1]

1 Andreas Cellarius, *Harmonia Macrocosmica Star Atlas*, 1660

　　分割面积的方法并不唯一。你可以想象自己有一把剪刀，可以通过任意的裁剪方法，把图形中特定比例的部分分割出来。比如，对于一个圆形来说，我们也可以按水平方向分割它，获得类似水位线的效果（见图 2.2.40）。在有的可视化工具中，还可以把这条线绘制成波浪形，即得到了所谓的**水球图**。

图 2.2.40　圆面积的水平分割

　　当然，理论上我们可以把外圈的圆形替换成任意形状，如图 2.2.41 所示。

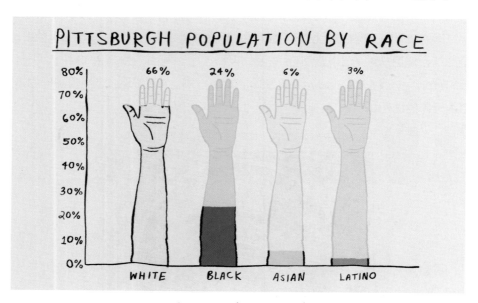

图 2.2.41　象形水位图 [1]

　　此外，我们也可以把总体用矩形来表示。

　　矩形的切割方法也比较多样。首先，我们可以按水平或垂直方向来切割它，这样则可以得到 100% **堆叠柱状图**。柱子的长度表示 100%，切分的柱子长度表示所

1　Public Source, Data on Race

占比例。如果只切一刀（即，只显示一个比例），这种 100% 堆叠柱状图也可以称作**进度条图**。如图 2.2.42 所示的进度条图常用于展现项目推进情况，以及用在个人简历中展示技能。

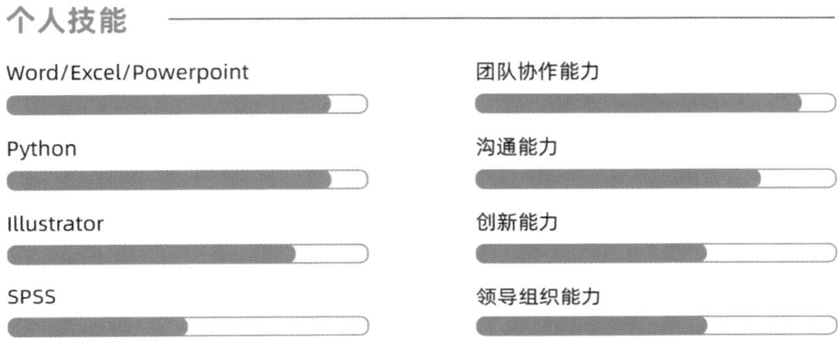

个人技能

Word/Excel/Powerpoint

Python

Illustrator

SPSS

团队协作能力

沟通能力

创新能力

领导组织能力

图 2.2.42 进度条图用于个人简历中

同样，条形图也可以换成用图标（Icon）填充（见图 2.2.43）。

图 2.2.43 象形的进度条图

除了这种"切一刀"的方法，也可以考虑对矩形"切多刀"，例如，从横纵两个方向同时对矩形进行切割。例如，图 2.2.44 就是通过这种手法对美国的人种分布进行了可视化。其中，浅黄色的部分代表白种人，橙色的部分代表西班牙裔，蓝色的部分代表黑种人，棕色的部分代表亚裔。

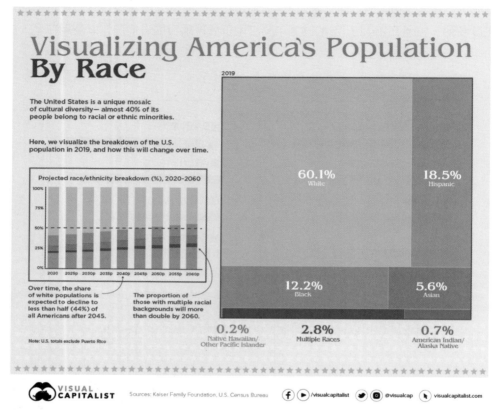

图 2.2.44　美国的人种占比[1]

　　再者，除了"大块切割"，也可以"小块切割"，先将矩形切割为一小块一小块的方格后，再按照比例来填充方格。这种可视化手法又叫作**华夫饼图**。图 2.2.45 中的第 4 个例子（黄色）是最经典的华夫饼图。当然，你也可以创意性地使用华夫饼图的理念，将里面的小方格替换为任意形状，如图 2.2.45 所示的星形、圆形、三角形等。

1　Visual Capitalist, Visualizing the U.S. Population by Race, 2020

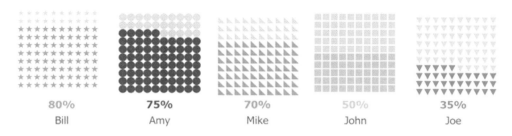

图 2.2.45　华夫饼图及其变形 [1]

同理，图 2.2.46 也是华夫饼图的一种变形。在分析这张图的可视化逻辑时，我们会发现，它本质上也是依照华夫饼图的可视化原理，把总体先切分为一个个小格子，然后进行填色。唯一不同的是，设计者把原本抽象的元素，替换成了象形的小人，从而更加贴合"假如世界上只有 100 个人"的话题。

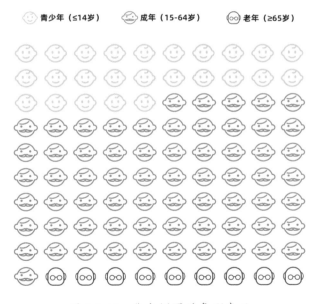

图 2.2.46　华夫饼图的象形表示

此外，你也可以不局限于以上这些比较规整的、针对圆形和矩形的分割，而是

1　Mey Meenakshisundaram, Visual Awesomeness Unlocked – Waffle Chart, 2016

自行定制更新颖的面积分割方法。例如，图 2.2.47 分析了 8000 件毕加索的作品，并将这些作品分为 12 个大类。之后，设计者又借鉴了毕加索本人的绘画风格，在画布上用异形的方式呈现了这些作品的占比，也可以说是用艺术的方式来展现艺术。

图 2.2.47　新颖的分割方法[1]

2.2.4　分布

用于展现分布的常见图表如图 2.2.48 所示。

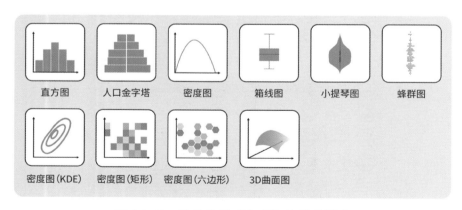

图 2.2.48　用于展现"分布"的常见图表

1　National Graphic, We Analyzed 8,000 of Picasso's Works. Here's What they Reveal About Him, 2018

分布是一种描绘数据取值范围、离散情况等的常见方法。比如，在最常见的分布——"正态分布"中，大约 68% 的数据分布在离平均值上下一个标准差的范围内，大约 95% 的数据分布在离平均值上下两个标准差的范围内。

在数据分析的过程中，查看数据的分布有助于帮助我们理解数据究竟"长什么样子"。对于一些统计分析模型而言，特定的数据分布（如正态分布）是应用该模型的前提条件，因此，绘制数据的分布图成为一个必须的环节。

绘制数据分布，最常见的图表如图 2.2.49 所示。其中，形似柱状图的图表叫作**直方图**。它的绘制逻辑是：当我们拿到一连串数据后，先将它们的取值按照区间来划分，然后统计落在每个区间里的数据的频次，并用柱子的高度来表示频次。比如，在分析一个班级的考试分数时，老师往往会把同学们的成绩划到多个分数段，且这些分数段是等距的（如 60 ～ 70 分，70 ～ 80 分，80 ～ 90 分，90 ～ 100 分），然后统计每个分数段的人数，由此得到一张直方图。这样，老师就很快能知道哪个分数段的同学最多，以及低分段、高分段的同学有哪些，从而快速掌握整个班级的整体情况。

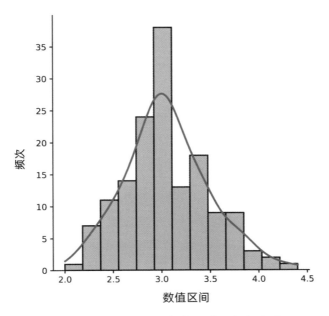

图 2.2.49　直方图 + 密度图展示数据分布

需要注意，虽然直方图和一般的柱状图外观很像，但它们所服务的目的并不相同。如前所述，柱状图主要服务于不同类别的比较，而直方图则体现了总体的数据分布。一个判断方法是查看 x 轴的数据，是离散的类别（柱状图），还是连续的区间（直方图）。此外，由于直方图的区间是连续的，直方图柱子之间的间距往往等于零，或者很小，以此来体现其连续性，如图 2.2.50 所示。

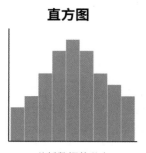
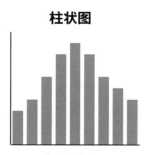

图 2.2.50　直方图与柱状图的区别

区间的取值可以是自定义的。当我们将区间范围取到无限小时，那么直方图的柱子将无限细，柱子之间两两的高度差也将趋近于零，由此形成一条平滑的曲线。这种形式的图表也叫作分布曲线，或者**密度图**（见图 2.2.49 中的曲线）。我们熟悉的正态分布曲线即属于此类图表，在统计学中十分常见。有时，我们也可以像图 2.2.49 一样，在绘制直方图的同时，加入分布曲线，从而更好地观察柱子的分布。

在实际的应用中，直方图还有一种特殊用法，叫作**人口金字塔图**。如图 2.2.51 所示，人口金字塔图的本质也是直方图。它的画法是先把数据按照年龄区间分组（比如，0 ~ 4 岁为一组，5 ~ 9 岁为一组，以此类推），然后统计各个区间的人数。与经典直方图的不同之处在于，人口金字塔图把 x 轴、y 轴进行了翻转，并且，把两个直方图组合到一起，一个直方图代表男性数据，另一个代表女性数据。使用人口金字塔图，我们可以方便地观察到一个地区的人口的年轻 / 衰老程度。

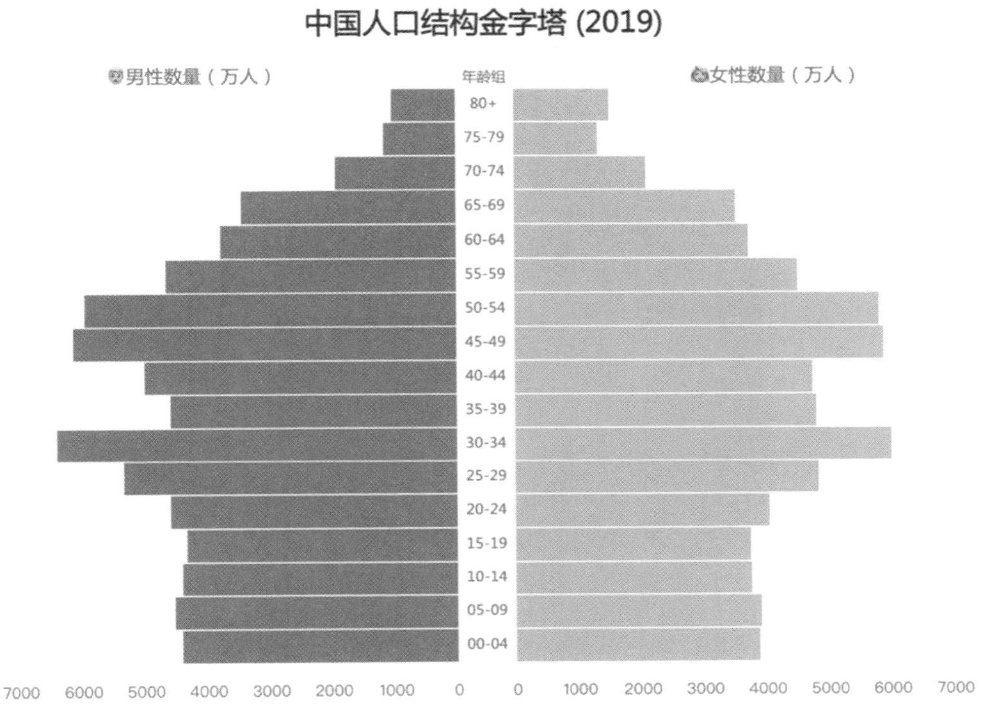

中国人口结构金字塔 (2019)

图 2.2.51 我国 2019 年的人口金字塔图 [1]

除了直方图，还有几种常见的图表，可以帮助我们观察数值的分布，如**箱线图**、**小提琴图和蜂群图**。

其中，蜂群图相当于直接把每一个原始的数据点，按照数值绘制到坐标轴上，从理解上来说相对直观。比如，图 2.2.52 来自世界卫生组织，它展示了 2000 年世界各国人民一生之中有多少时间是健康的（"健康时间比例"），从上到下依次是低收入国家、中低收入国家、中高收入国家、高收入国家。由于每个圆点代表一个国家，因此可以很清晰地看到原始数据是如何分布的。例如，从整体上看，收入水平似乎对"健康时间比例"影响不大，4 类国家都集中分布在 87%、88% 左右。不过，低收入国家的内部差距显然更大，有的国家高达 90% 以上，有的则低至 85%。

1 蓝星宇，理解人口结构：人口金字塔 40 年变迁，2021

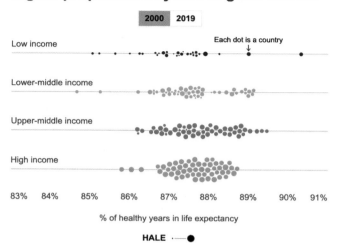

图 2.2.52　哪些国家的人民一生中健康的时间更多 [1]

　　从本质上来讲，箱线图、小提琴图与蜂群图的绘图逻辑一致。但是与呈现原始数据点不同的是，箱线图和小提琴图着重于呈现数据中的一些关键指标，例如中位数、四分位数等。如图 2.2.53 所示，两种图表都以中位数为中心，并展示了数据的四分之一位和四分之三位数。不同的是，两种图的上下触角表示的是不同的指标。对于箱线图来说，如果有极端值超过 Q3+1.5（Q3-Q1）或低于 Q1-1.5（Q3-Q1），则会在图上出现异常点。而小提琴图则不会有这种情况，因为所有的值都已经被包括在了提琴内部。如遇异常值，则小提琴的形状会变得十分细长。

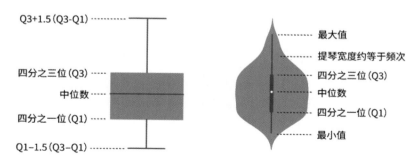

图 2.2.53　箱线图和小提琴图示意

1　WHO, World Health Statistics 2021:A Visual Summary, 2021

图 2.2.54 呈现了在表现同样数据时，箱线图、小提琴图及蜂群图的绘制结果。可以看到，这 3 种图表中最具象的是蜂群图，最抽象的是箱线图，而小提琴图处于两者之间。不过，如果要可视化的数据集非常庞大，抽象的箱线图就会优势更大。

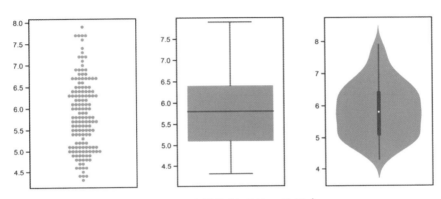

图 2.2.54　同样数据下的 3 种图表

有的时候，我们也可以把蜂群图与箱线图 / 小提琴图组合起来，既展示分布的形状，又展示原始数据点。如图 2.2.55 所示，在展示世界各国人民的健康指标时，作者就是用蜂群图叠加了小提琴图的轮廓。

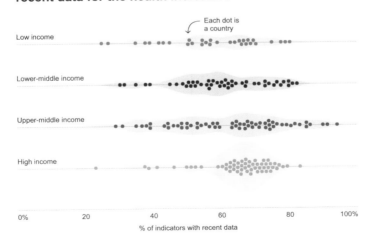

图 2.2.55　蜂群图叠加小提琴图来展示分布 [1]

1　WHO, Data availability: A visual summary

以上，我们讲解的都是单维度数据在取值上的分布。那么再进一步，如果我们想要知道二维、三维数据的分布，又应当如何呢？

在数据分析中，二维数据的分布往往被绘制为散点图。而想要知道散点更多地分布在哪里，我们可以进而计算散点的密度。常用的方法包括把空间分割为矩形、六边形单元，或使用核密度估计法（KDE）。其中，核密度估计法做出的可视化，外观比较类似于我们在地图上常看到的等高线（见图 2.2.56）。

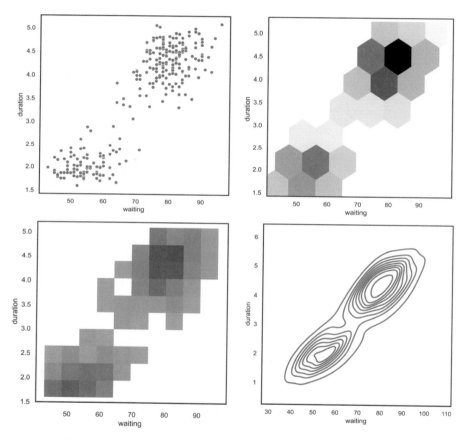

图 2.2.56　散点图与几种呈现散点分布密度的可视化方法

图 2.2.57 则是在核密度估计图上叠加了热力图，使得高频的区域更加直观。如果某个区间的频次较高，则颜色更暖；若频次较低，则颜色更冷。在绘制图表时，我们也可以调整边界的平滑程度。例如，图 2.2.57 左侧的平滑指数较小，区域之间

的边界相对清晰，右侧的平滑指数更大，区域之间的边界过渡更顺滑。

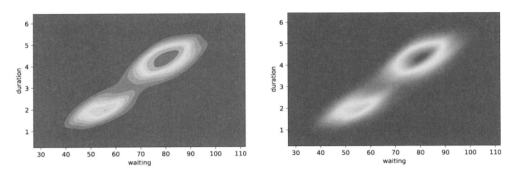

图 2.2.57　KDE 叠加热力图。左：平滑指数较小，右：平滑指数较大

同样，对于三维数据的分布，我们也可以绘制 3D 的散点图来进行观察。不过，鉴于散点在三维空间中容易相互遮挡，更常用的一种可视化是 **3D 曲面图**（见图 2.2.58）。

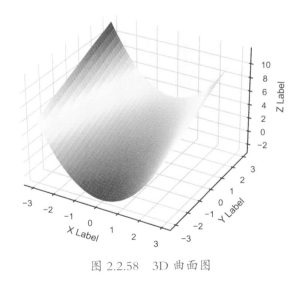

图 2.2.58　3D 曲面图

2.2.5　相关性

在统计学中，相关性是指数据之间是否具有协同变化的关系（见图 2.2.59）。

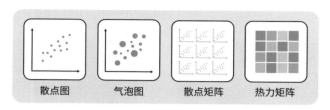

图 2.2.59　用于展现"相关性"的常见图表

　　要呈现相关性，最常使用的图表是**散点图**。其方法是将一个变量绘制在 x 轴方向，将另一个变量绘制在 y 轴方向，然后观察散点的"走势"。如果散点沿"左下—右上"方向排布，则说明一个变量随另一个变量的增长而增长，数据呈正相关。反之，如果散点沿"左上—右下"方向排布，则说明一个变量随另一个变量的增长而减少，数据呈负相关。如果散点非常集中地排布在一个方向上，则说明相关性强；如果散点非常分散，则说明相关性较弱（见图 2.2.60）。

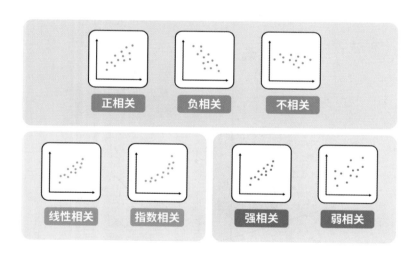

图 2.2.60　用散点图分析相关性

　　很多时候，我们可以通过在散点图上绘制回归线，辅助对相关性的判断。如果散点密集地分布在回归线周围，且回归线斜率为正，则两个变量之间很可能呈正相关关系。反之，如果回归线斜率为负，则可能意味着负相关关系。

而另一种相似的图表是**气泡图**，其本质上也可以视作散点图，只不过在散点的面积通道上映射了一个额外的变量，从而可以叠加地观察更多信息。

不过，基础的散点图只能呈现两个变量之间的相关性。如果我们有很多变量，并且希望检查它们之间的两两关系，又应该怎么办呢？除了手动逐一绘制散点图外，我们也考虑画一个**散点图矩阵**。如图 2.2.61 所示，矩阵中的每一个格子代表一组相关关系，例如右上的第一个格子代表兰花花蕊长度和花瓣宽度之间的相关性。矩阵的对角线处，代表了一个变量自己和自己的关系，必然为 1。因此，为了利用起这一空间，一些作图工具会默认在对角线显示该变量的分布情况。例如，图 2.2.61 所示的对角线处就是用直方图表示数据分布。

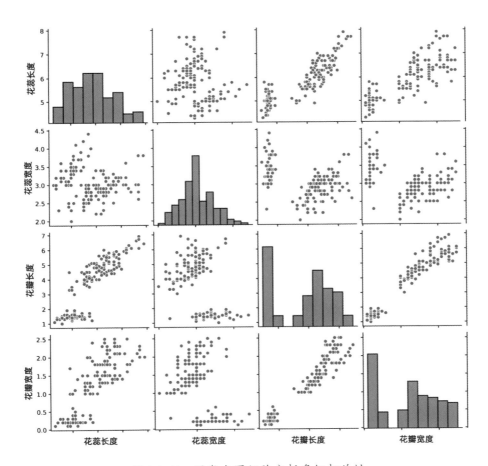

图 2.2.61 用散点图矩阵分析多组相关性

通过图 2.2.61，我们已经能比较直观地看到变量之间的两两相关性，但仍然存在一个问题：我们观察到的相关趋势适用于所有兰花吗？答案是并不一定。因此，图 2.2.62 又在散点图矩阵的基础上区分了数据的分类。从图 2.2.62 中，我们可以看到每种兰花对应的相关性和数据分布（对角线处用密度图表示），从而进一步剥离出真正的相关性。例如，可以看到在"花蕊宽度 – 花蕊长度"的散点图中，红色和绿色点都呈现出较明显的正相关关系，但紫色点并没有明显的相关性。

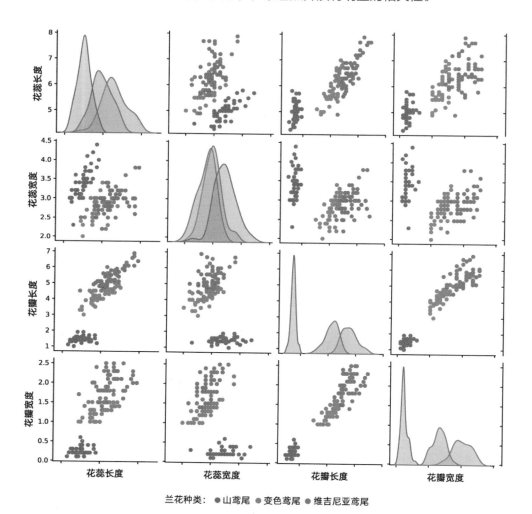

图 2.2.62　用散点图矩阵分析多组相关性，并区分类别

当然，以上两种可视化方法，由于需要一定的专业门槛，且数据的呈现十分细节，更常被用在专业的数据分析和探索的过程中。而在一些其他场景中（例如，只关心每组关系的相关性得分，而不关心具体的数据点如何分布，或者希望快速高效地向他人汇报相关性分析的结果），我们可能需要对可视化图表进行简化处理。

此时，我们可以将散点图矩阵简化为一个**热力矩阵**。如图 2.2.63 所示，矩阵的大框架依然被保留下来，每一个格子依然代表一组相关关系，但格子里的具体内容被省略了，仅用颜色表示相关性的高低。例如，格子的颜色越红，则代表相关性越强，格子的颜色越蓝，则代表相关性越弱。

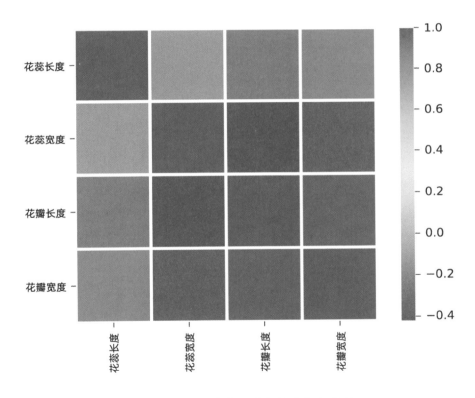

图 2.2.63　用热力矩阵分析多组相关性

2.2.6　层级

层级，如父子关系、部门架构关系，是一种在逻辑上有依存性和包含性的关系。

用于展现"层级"的常见图表如图 2.2.64 所示。

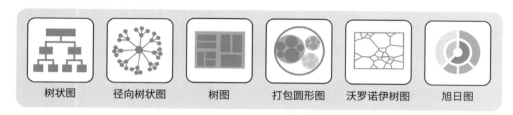

| 树状图 | 径向树状图 | 树图 | 打包圆形图 | 沃罗诺伊树图 | 旭日图 |

图 2.2.64　用于展现"层级"的常见图表

用于展现层级的可视化图表也有很多。比如，我们可以用树枝分叉的效果，来展现一系列父节点、子节点，即**树状图**。图 2.2.65 就是用这样的可视化来呈现某个家族的传承关系。

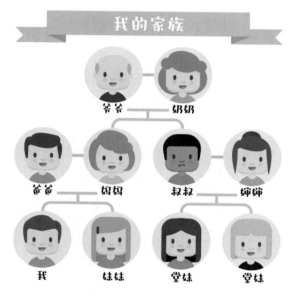

图 2.2.65　树状家谱[1]

我们也可以令树枝按照圆的方向向外辐射，得到径向的树状图。比如，图 2.2.66 展示了世界上的几个大洲，以及每个大洲里都有哪些国家 / 地区。

1　Freepik，Fantastic family tree in flat design

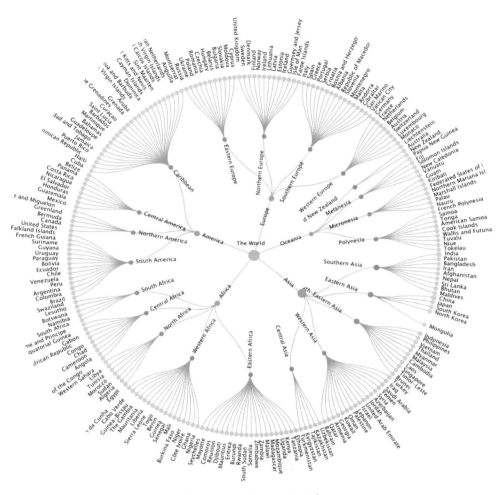

图 2.2.66 径向树状图 [1]

而如果这些层级关系是需要赋值的，那么可以使用**旭日图**。与径向树状图同理，旭日图越往内圈代表层级越高。同时，扇形的面积表示每个节点的取值。

图 2.2.67 使用旭日图来展示了咖啡的风味类型。最内圈的表示较高层级的口味，如果味、酸味、烘烤味等。第二层表示中层级的口味，例如果味里又分为莓果味、干果味、柑橘味和其他水果口味。第三层表示最具体的口味，如莓果味里分为黑莓、树莓、蓝莓、草莓。

---

1 ZingChart, Radial Network Diagram

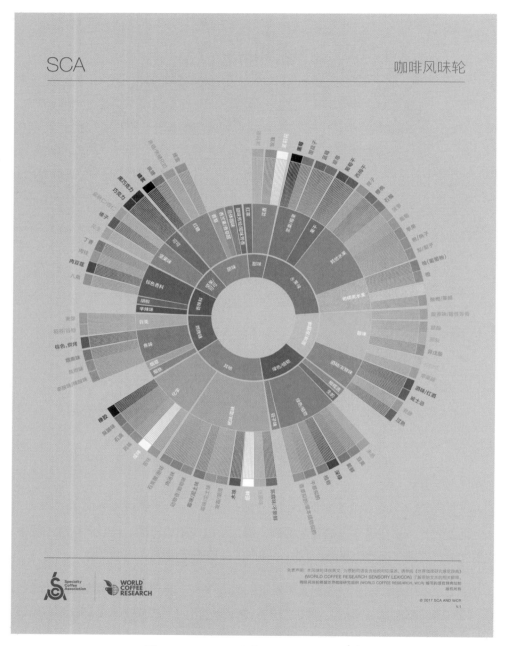

图 2.2.67　旭日图展示咖啡风味类型 [1]

1　Specialty Coffee Association, World Coffee Research and UC Davis Coffee Center, SCA
Coffee Taster's Flavor Wheel

可以发现，以上这些可视化作品，其实都用了"树枝"的隐喻来体现层次关系。

这并不是唯一的思路。除此之外，我们还可以通过"嵌套"的隐喻来表现层级。对人眼来说，当一个物体出现在另一个物体内部时，那么很可能指示着包含关系。基于这样的感知规律，一系列图表被创造出来。比如，**树图**（Treemap）通过切割矩形的方式，把一个矩形切分为多个部分，每个部分内部还可以继续切割，以此类推。这样，树图得以展现一些复杂的层次结构，如电脑硬盘的分区、商品类别的划分等（见图 2.2.68 ）。

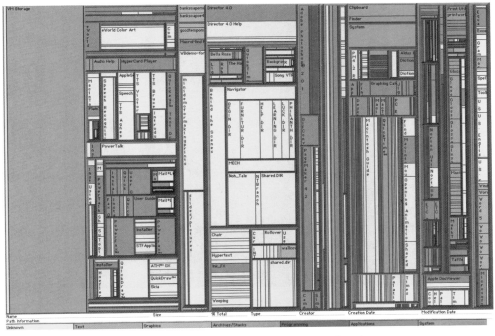

图 2.2.68 用树图展现硬盘的使用情况[1]

同样，我们可以用圆形替代矩形，由此即得到了一张**打包圆形图**。打包圆形图的原理和树图一致，都是图形的层层切割与嵌套，只是将主要的图形替换为圆形。比如，图 2.2.69 展示了亚洲各国/地区 2019 年的 GDP 总值，并将亚洲国家/地区分为了东亚、南亚、东南亚、西亚、中亚几个区域进行比较。这样，读者既能横向地看到亚洲各国/地区的 GDP 体量大小，又能够在各个区域内部进行比较。

1 Ben Shneiderman, Treemaps for space-constrained visualization of hierarchies

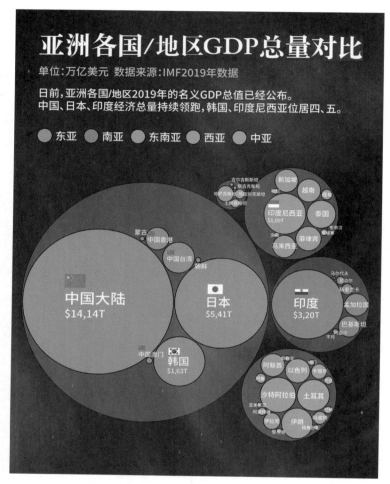

图 2.2.69　用打包圆形图展示亚洲各国 / 地区的 GDP

当然,理论上讲,切割图形的手法有很多,并不局限于规整的矩形或圆形。比如,一些作品会使用沃罗诺伊(Voronoi)切割法。这种手法由俄国数学家沃罗诺伊创立,可以把空间切割成多边形,形成类似晶体或者万花筒的效果。例如,图 2.2.70 就使用这种手法对刚刚的 GDP 可视化进行了改造。可以看到,整体的图形显得更加紧凑、艺术感较强。

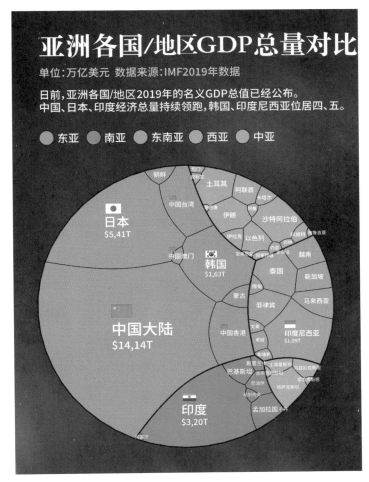

图 2.2.70 用沃罗诺伊效果展示亚洲各国／地区的 GDP

2.2.7 关联

关联，是指事物是否存在关系。这类可视化符合人脑为事物建立起逻辑关系的需求，属于"示意图"的范畴。

用于展现"关联"的常见图表如图 2.2.71 所示。

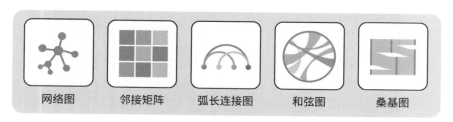

图 2.2.71　用于展现"关联"的常见图表

　　例如，最常见的**网络图**，就是将对象用点来表示，有关系的对象则用边连起来，非常直观。图 2.2.72 就是用这种方法展现了小说《傲慢与偏见》中的人物关系。

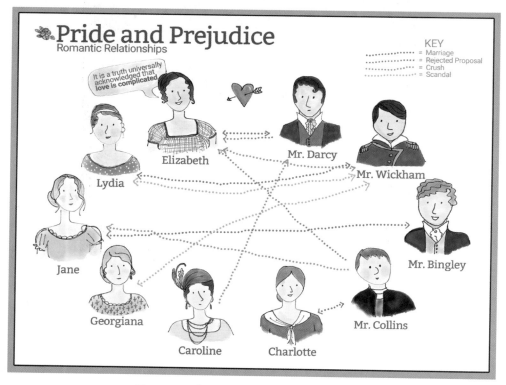

图 2.2.72　《傲慢与偏见》中的人物关系[1]

1　Shmoop, Pride and Prejudice Romantic Relationships

网络图在设计上的变化可以有很多。例如，当节点和连线数量很多时，我们可能希望网络图有一个清晰的布局，将所有信息尽可能多地呈现出来。为了实现这一目的，一项被广为接受的布局方式是力导向布局。它建立在力学模型的基础上，可以让节点和连线在力的作用下彼此聚合或离散，并最终达到一个稳定的状态。因此，在一些工具中，网络图也被称为力导向图。

此外，我们还可以对网络图的节点、边进行编码或运算。例如，图 2.2.72 就是用了边的颜色来映射人物之间关系的类型（如婚姻关系、暗恋关系）。

图 2.2.73 则是用网络图对莎士比亚几部著名悲剧作品（如《罗密欧与朱丽叶》等）中的人物关系进行了可视化。每一个节点代表一个人物，如果两个人物曾经同时出现在一个故事场景中，则用线连接起来。同时，节点的颜色和大小，表示它们在网络中连线的数量，某种程度上反映了该角色在网络中的中心程度。

这种方法也常常用在社交网络分析中。例如，图 2.2.74 是笔者在分析莆田系资本网络时所做的可视化作品。其中，每一个节点代表一个莆田系公司或者个人，节点之间的连线则表示它们之间存在股权关联。在形成关系网络之后，我们进一步使用颜色来表示每个节点拥有的连接数量，使用大小来表示节点在网络中所起到的桥梁作用。通过这一可视化，我们得以发现这个关系网络中最关键的公司和人物是谁、存在哪些大型的家族聚落 / 抱团行为，以及不同家族的资本网络是如何层层运作的。

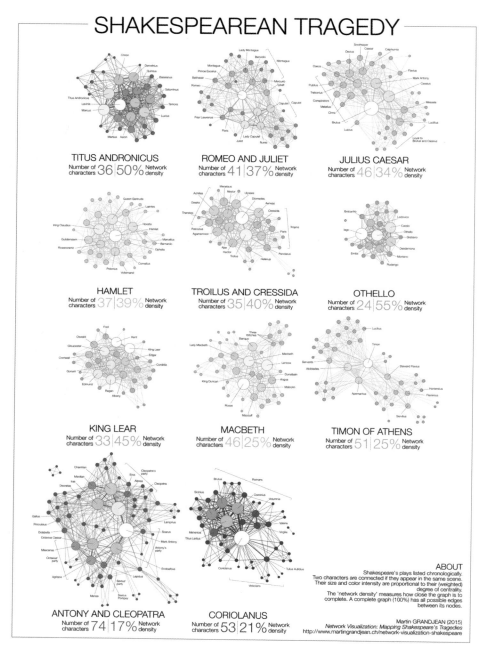

图 2.2.73　莎士比亚著作中的人物关系 [1]

1　Martin Grandjean, Network visualization: mapping Shakespeare's tragedies, 2015

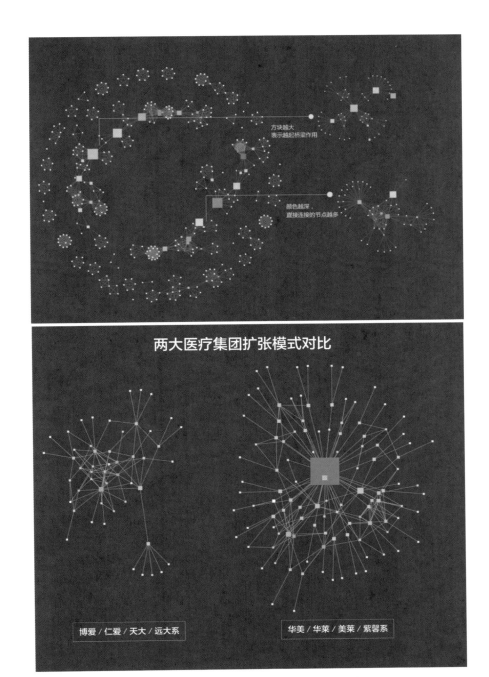

图 2.2.74 莆田系医疗资本网络挖掘[1]

1 蓝星宇、梁银妍、叶霄麒、朱俊璋，莆田医网，2018

还有一些图表可以达到与网络图类似的目的。

邻接矩阵。图 2.2.75 使用了邻接矩阵的形式来展现议员们之间的互相投票关系，给对方投票越多，则格子越亮，投票越少，则格子越暗。

需要说明的是，这里的邻接矩阵在外形上和我们在"分布"一节（图 2.2.63）中讲解的热力矩阵有着非常相似的外观。但不同的是，图 2.2.63 所示的热力图，每个格子映射的是两个连续型变量间的相关系数，而图 2.2.75 所示的每个格子代表的是两个节点之间的边数据，因此属于外形相同但功能不同。

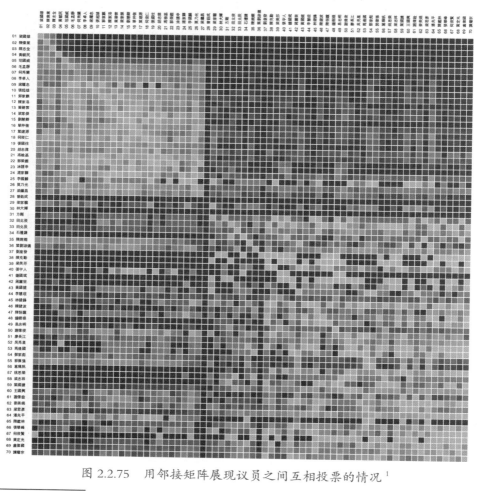

图 2.2.75 用邻接矩阵展现议员之间互相投票的情况[1]

1 端传媒，20万条投票记录带你解码香港立法会，2015

弧长连接图。弧长连接图也是用"点+边"的逻辑来展现关系的。在弧长连接图中，点一般是按水平/垂直方向整齐排列的，而相关的点则是用弧线来连接的。由于引入了曲线，所以这种图在视觉上较为柔和。

例如，图 2.2.76 用弧长连接图来展现各大洲之间的移民情况。但是，其缺点在于，当数据体量大时，对数据的展示效率不如网络图和邻接矩阵，因此比较适合节点和边数量比较少的情况。

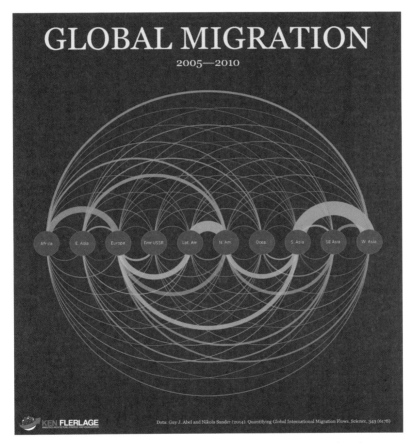

图 2.2.76　用弧长连接图展现各大洲之间的移民情况[1]

桑基图。桑基图有着类似河流流动的效果——主流分离为支流，条带的宽度代表数据的取值。同样是展现移民情况，图 2.2.77 将其用桑基图进行了可视化。

1　Ken Flerlage, Creating an Arc Sankey in Tableau, 2019

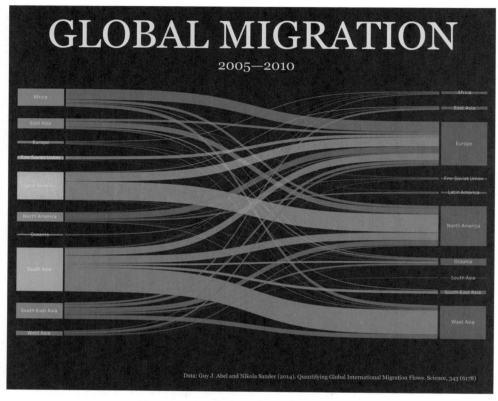

图 2.2.77　用桑基图展示疫情输入关系 [1]

　　另外需要注意的是，桑基图需要遵循"能量守恒定律"，即出发时的数据之和，等于最终所有支流的数据之和。

　　和弦图。和弦图是一种非常强调"边"的关系图，正是因为它的边都需要被赋值，因此才会呈现出宽宽窄窄、类似和弦的视觉效果。同时，和弦图更擅长展示的是"来往关系"，即两个节点之间存在一来一往两个数值。比如，A 国出口 B 国的贸易额为 100 亿元，B 国出口 A 国的贸易额为 50 亿元，则和弦在 A 国的一端更粗、在 B 国的一端更窄。图 2.2.78 就用这种方式展现了金砖五国之间的贸易额。

1　Ken Flerlage, Creating an Arc Sankey in Tableau, 2019

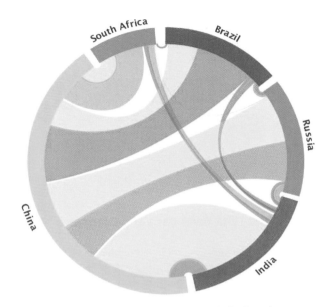

图 2.2.78 金砖五国 2016 年贸易额[1]

2.2.8 逻辑示意

用于展现数据之间的逻辑关系的常见图表如图 2.2.79 所示。

韦恩图。韦恩图是一种专门用来呈现交叉、重叠关系的图表，常用于概念的解释、分拆等。我们可以用基础的韦恩图来理解红、黄、蓝三原色（见图 2.2.80（上）），还可以对韦恩图进行一定的设计变形，来阐述复杂概念。例如，图 2.2.80（下）所示的图表，对一名数据科学家所需的能力进行了拆解，包括沟通、统计学、编程、商学 4 类。这 4 类能力的分配，决定了职业的倾向。例如，一个具有沟通 + 商学能力的人，其职业更可能是一个销售员。

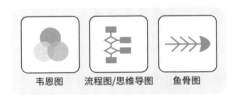

图 2.2.79 用于展现"逻辑示意"的常见图表

---

1 Museagle, 2016 BRICS export in a million USD

The Data Scientist Venn Diagram

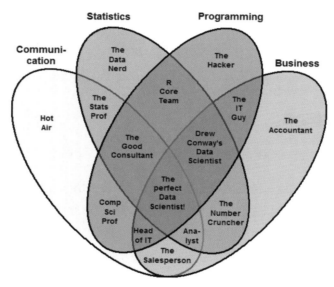

图 2.2.80　用韦恩图阐述概念[1]

流程图。例如，流程图是用来进行决策判断的一种常见图表。用户通过判断是或否，通向相应的结果。图 2.2.81 展示了一个简单的流程判断，即电灯不工作了应该怎么办。在很多现实场景中，我们也常会用到此类图表，例如查看办事的流程、垃圾分类的流程、法律诉讼的流程等。

图 2.2.82 则体现了流程图的另一种妙用。它通过勾勒一个复杂的流程图，精妙

1　StackExchange Data Science user Stephan Kolassa，Data scientist Venn diagram，2015

地展现了一个女生在约会男生时，关于"我应不应该给他发信息"的纠结心理。

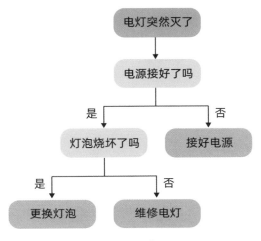

图 2.2.81　简单流程图

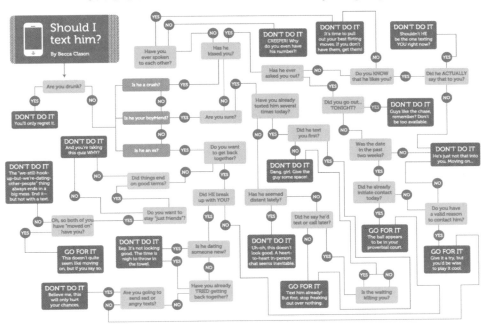

图 2.2.82　"我应该给他发信息吗"[1]

1　Becca Clason, Should I text him

鱼骨图。鱼骨图则是专门用来梳理因果关系的图表。鱼头表示要解决的问题，鱼骨代表各种各样导致问题的原因。这种图也常常被用在团队的头脑风暴中（见图2.2.83）。

图 2.2.83　用鱼骨图梳理销售额下滑的原因

2.2.9　地理

用于展现"地理"的常见图表如图 2.2.84 所示。

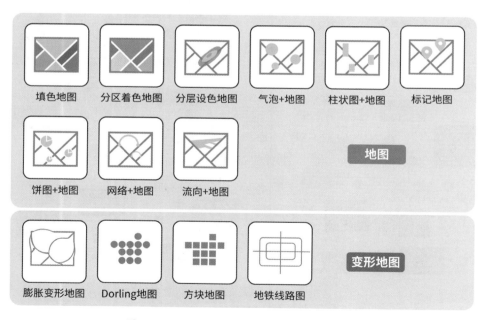

图 2.2.84　用于展现"地理"的常见图表

与地理相关的可视化是相对独立的一类，其一大特点在于需要展示地理位置信息。而在地图的基础上，我们可以往上叠加各种各样的视觉符号，来承担不同的分析任务。理论上，地图可以叠加之前提到过的所有分析任务，如比较、趋势、占比、分布、关联等。

例如，我们可以通过色块的方式来展现不同类别的民族聚居区，即**填色地图**（见图 2.2.85）。若填色为连续的（如展现各区域内的人口数），则一般称为**分级着色图**。

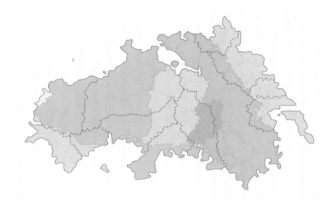

图 2.2.85　分类填色地图

在地理、气象、海洋科学等领域，还常常使用**等高线地形图 / 分层设色地形图**，来体现海拔、气温、洋流等"连续性"很强的数据（见图 2.2.86）。

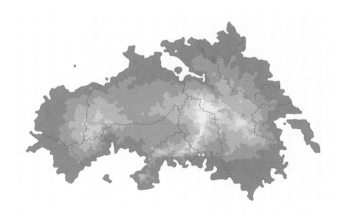

图 2.2.86　分层设色地形图

当需要展现占比时，可以在地图上叠加饼图、环图、柱状图等（见图 2.2.87 和图 2.2.88 ）。

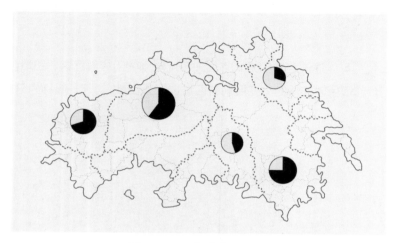

图 2.2.87　地图叠加饼图

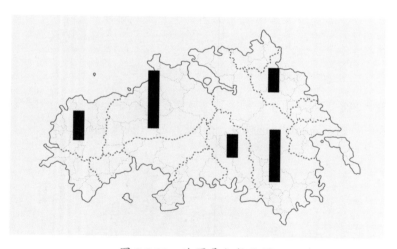

图 2.2.88　地图叠加柱状图

如果我们想要画出地理位置之间的关系（如商品的销售关系），则可以使用地图叠加流向示意或网络图（ 见图 2.2.89 和图 2.2.90 ），用线条等将相关的地区连接起来。

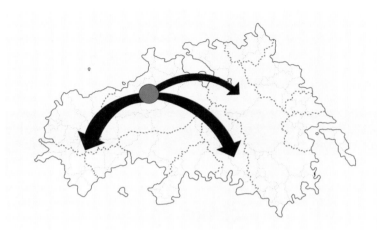

图 2.2.89　流向地图

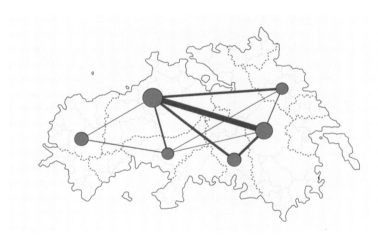

图 2.2.90　地图叠加网络图

当然，在一些情况下，地理的真实边界并不重要。

比如，当我们乘坐公共交通时，希望在地图上快速读到地点之间所需的时间，以及可以乘坐的班次。相比之下，这些地点的实际地貌和道路形状，则是不太重要的。在这种情况下，我们可以通过弱化地图的"地理性"，来强调最关键的信息。这种操作被称为**变形地图**或者示意地图（Cartogram）。这类地图只保留了大概的地理方位，而模糊了实际的地理信息。

　　具体而言，地图的变形方式可以有很多种。其中，最被人们广泛熟知的，可能就是地铁线路图和高铁线路图。如图 2.2.91 所示，这种地图只保留了车站之间的相对方位，往来于它们之间的行车轨迹被简化成了一根直线。同时，为了阅读方便，相似纬度和相似经度上的车站被排成同一行 / 列。

图 2.2.91　最常见的变形地图：地铁线路图

　　另一种变形地图叫 Dorling Cartogram。Dorling 有可爱的意思。这种地图把地理区域简化为一个个圆形，同样只保留圆形之间的相对位置。

　　此类图表的一个经典应用场景就是选票的可视化。例如，当我们分析美国大选的选票分布时，会发现每个州的选票数量其实和它们的地理面积没有关系，而是和人口数量挂钩。此时，如果用真实的地图，会给人"面积大的州更重要"的错觉。在此类情况下，使用变形地图可能是更好的选择。例如，在图 2.2.92 中，美国的各

个州都被简化为圆形（比如最左边的大圆代表加利福尼亚州），圆形的大小表示国会
选区的数量，圆形越大，意味着该州人口越多、选票越多。

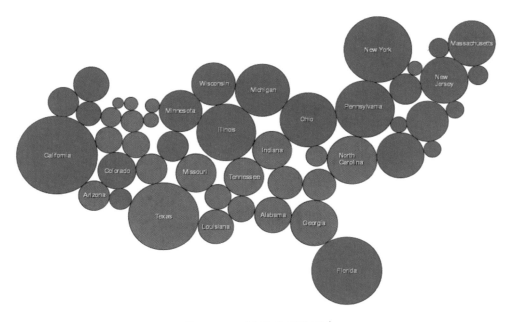

图 2.2.92　圆形变形地图[1]

同样，我们也可以将圆形的视觉标记替换为方形，就得到了如图 2.2.93 所示
的效果。红色代表共和党胜利或者领先，蓝色代表民主党胜利或领先。灰色代表还
未出结果的州。同时，这张图还进一步把每个州拆分为了一系列小方块，以展现每
个州具体有多少张选票。这样，我们不仅能看到共和党和民主党分别赢下了哪些州，
还可以看到哪些州是关键的大票仓。

同理，图 2.2.94 则使用了六边形来作为变形地图的基础元素，还在右下方将特
朗普和拜登的得票数进行了累加。

1　Kenneth Field，Dorling Cartogram – 2012 US Presidential election results by State

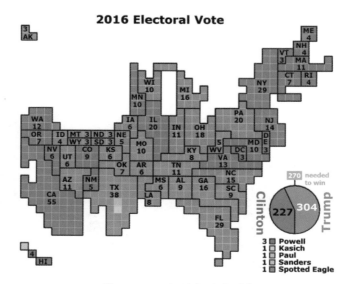

图 2.2.93　方形变形地图 [1]

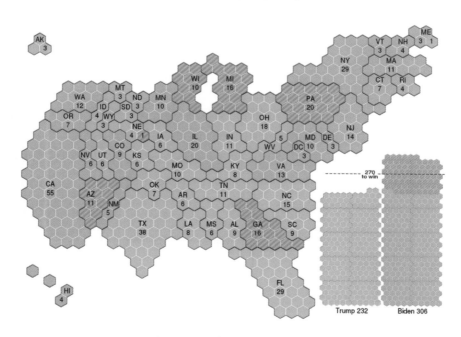

图 2.2.94　蜂巢形变形地图 [2]

1　ChrisnHouston, 2016 Electoral Vote–Cartogram, 2016
2　Cmglee, USA electoral votes 2020 hex cartogram

2.2.10 复合目的

2.2.1 节 ~ 2.2.9 节中，我们介绍了比较、趋势、占比、分布、相关性、层级、关联、逻辑示意、地理 9 类常见的数据可视化目的。那么，这些目的有没有可能同时出现呢？

答案是肯定的。以下我们来依次讲解几种常见的复合目的图表（见图 2.2.95）。

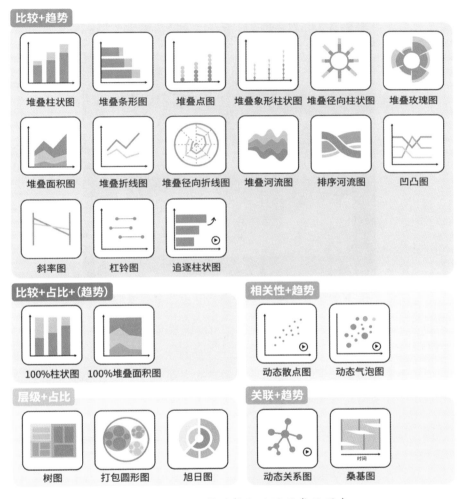

图 2.2.95　用于展现复合目的的常见图表

第一种常见的复合目的是同时观察"比较 + 趋势"，许多堆叠的图表都可以达到这个目的。

　　图 2.2.96 就使用了**堆叠面积图**来展示美国音乐销售渠道的更迭。可以看到，从整体趋势看，音乐销售额经历了一个先上升，再下降的过程。而通过对比不同的音乐销售渠道，能够发现，最初以黑胶唱片、磁带为主，而后步入了昌盛的 CD 时代（蓝色），这种类型的音乐出版形式统治了音乐销售近 20 年，之后被网络音乐下载和流媒体所取代。

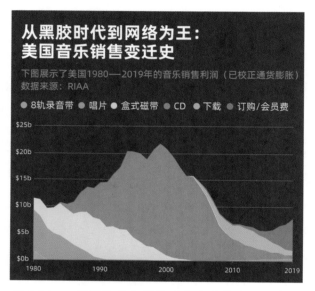

图 2.2.96　用堆叠面积图展现音乐销售渠道的更迭

　　不过，使用堆叠面积图也存在一些劣势。比如，假如我们想比较不同类别的大小，并不是那么方便。因此，我们可以考虑另一个选择：**堆叠河流图**。一方面，河流的宽度可以展示总体趋势；另一方面，居中对齐的类别又方便了我们对它们进行比较。同样是音乐销售渠道的数据，图 2.2.97 展示了用堆叠河流图进行可视化的效果。

　　如果你还需要了解哪个类别的数值大，哪个类别的小，则可以对河流图进行排序，得到**排序河流图**。这种图表会将"河流"按照取值大小，调整它们的排位。例如，我们在图 2.2.98 中可以更容易看到盒式磁带的销售利润是从什么时候超过唱片的、CD 统治了音乐产业多久，以及在整个音乐产业陷入低迷之后，付费会员等形式的收入如何逐渐成为新的"生力军"。

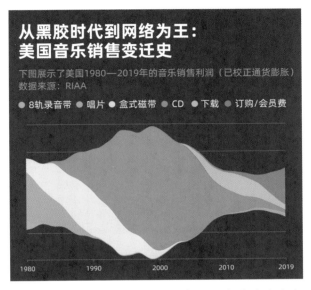

图 2.2.97　用堆叠河流图展示音乐销售渠道的更迭

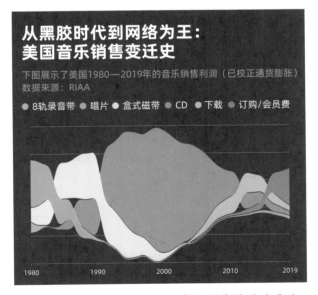

图 2.2.98　排序河流图展示音乐销售渠道的更迭

如果只需要展现数据的排名变化，而不关心数据的具体取值，则可以使用排名折线图/**凹凸图**（bump chart）。这种图与排序河流图类似，都会对数据进行排序，只是将有宽度的河流简化为一根根折线。例如，图 2.2.99 展示了我国各省地区生产总值（GDP）排名随年份的变化情况，并将排名上升、下降最明显的几个省份进行了高亮。可以看到，近年来，重庆、贵州、云南等西部省份，GDP 排名不断上升，而像河北、辽宁、内蒙古等北方省份的 GDP 排名则下降显著。

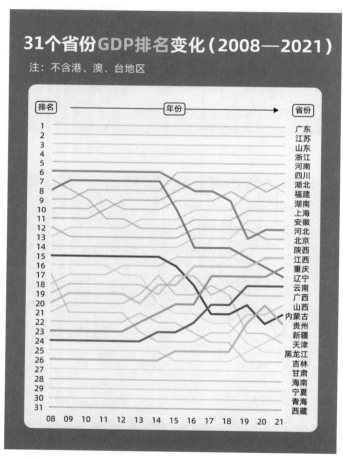

图 2.2.99　通过排序的折线展现各省 GDP 排名变化

如果我们想要比较多个类别在两个时间点之间的变化，则可以使用**斜率图**，并在一个轴上映射时间变量。例如，图 2.2.100 展示了我国部分省份贫困发生率在

2013 年到 2018 年的变化。这些省份在 2013 年都有着超过 10% 的贫困发生率。而到了 2018 年，绝大部分省份的数字都降到了 6% 以下，脱贫成绩突出。

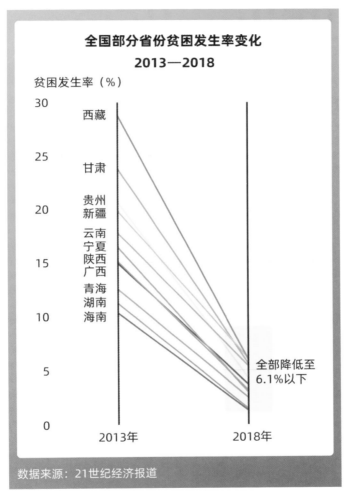

图 2.2.100　用斜率图展现贫困率的下降

还需要指出的是，以上所有有关"比较 + 趋势"的图表，都是用静态的视觉元素来编码时间的。而时间类变量的一个特殊之处在于，它还可以用动画来编码。比如，我们可以用**追逐的柱状图**（bar race）来动态地展现排名变化——每根柱子的长度随时间伸缩，同时进行排名，取值大的柱子爬升到高位，而取值小的柱子跌落到底部。例如，图 2.2.101 所示的动态追逐柱状图展示了全球最受欢迎网站的变化。在 2005

年，以雅虎为代表的门户网站还处于绝对的统治地位，而到了 2012 年，以谷歌为代表的搜索引擎网站及以 Facebook、YouTube 为代表的社交平台强势崛起，成为新的领跑者。

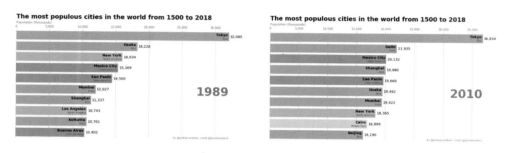

图 2.2.101　动态追逐柱状图

第二种常见的复合目的是同时观察"比较＋占比"或"比较＋占比＋趋势"。

此时，可以使用 **100% 堆叠柱状图、100% 堆叠面积图及 100% 填充象形图**。例如，图 2.2.102 是一个 100% 堆叠面积图，面积的高度始终等于 100%。它反映了每个时期音乐类型的市场占比情况。比如，1970—1980 年，摇滚乐基本统治了乐坛。同时，我们还能观察到所有音乐类型的此消彼长情况。例如，1950 年代风靡一时的爵士乐，在 1970 年代之后明显萎缩，让位于摇滚乐，而相对来说，流行音乐则一直保持了比较稳定的市场份额。这个设计同时展示了占比、趋势，还能对类别进行比较。

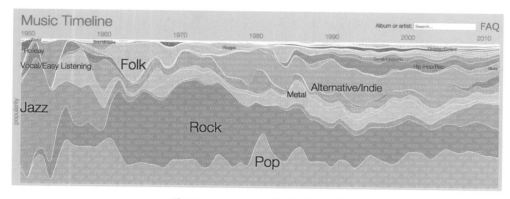

图 2.2.102　100% 堆叠面积图 [1]

1　Google, Music Timeline

第三种常见的复合目的是同时观察"层级＋占比"。

在用来可视化多个层级的数据时，前文提到的**树图**、**打包圆形图**及**旭日图**都可以一边显示数据之间的嵌套关系，一边对比不同类别在整体中的比重。

例如，如图 2.2.103 所示，首先将美国标普 500 的股票分为科技、金融、医疗、消费等几大板块，然后在每个大板块中按市值列出具体的公司（市值用矩形大小表示），并且用颜色表示其 2020 年度的涨跌幅度。可以看到，许多主营科技软件、消费零售的公司涨幅明显（偏绿），而像能源、航空等板块则受新冠疫情影响显著，整体下跌（偏红）。

图 2.2.104 使用打包圆形图展示了初创公司的死亡原因，共分为市场定位、外部问题、资金问题、产品问题、运营问题和团队问题 6 个大类，而每个大类里又包含多个子类。例如，在市场定位这一类中，商业模式匮乏是最常见的一种死亡原因。

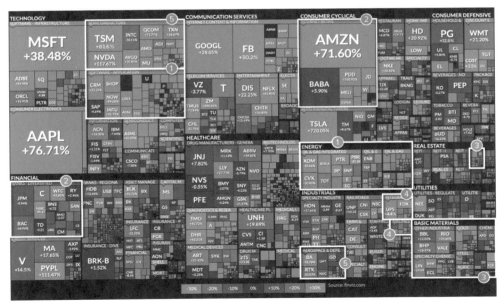

图 2.2.103　用多层树图展现美国股市各板块的表现[1]

1　Visual Capitalist, The Best and Worst Performing Sectors of 2020, 2021

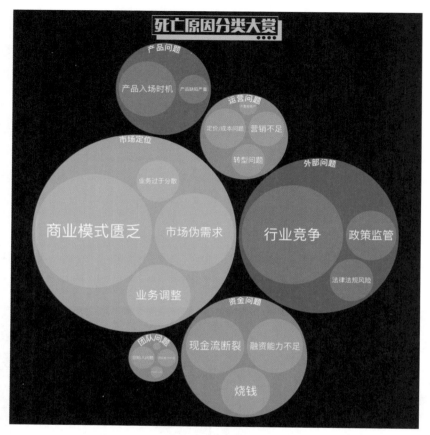

图 2.2.104　用打包圆形图展示初创公司死亡原因 [1]

第四种常见的复合目的是"相关性 + 趋势"。

在展示随时间变化的相关关系时，我们可以选用**动态散点图**或者**动态气泡图**。例如，由瑞典学者 Hans Rosling 创作的著名的动态气泡图，就是用动画来展现时间变化的。如图 2.2.105 所示，这张气泡图的每个气泡代表一个国家，x 轴表示人均 GDP 收入，y 轴表示预期寿命，气泡大小代表人口数量。因此，如果只是一张静态的气泡图，则只能展示某个特定年份里，世界各国的经济社会情况。但是，Hans Rosling 用了动画来编码时间，让这张气泡图可以按时间移动，从而展现世界各国两百年以来的巨大发展。

1　许欣悦、唐幸悦、蓝星宇、史丹青，新经济公司死亡图鉴，2019

　　例如，在 20 世纪初，中国还位于图的左下角，经济收入和预期寿命都较低。而经历了一个世纪的发展，中国在这张图表上快速运动、上升。最终，在 2000 年左右，已经脱离低收入阵营，并拥有了和发达国家相似的预期寿命水平。

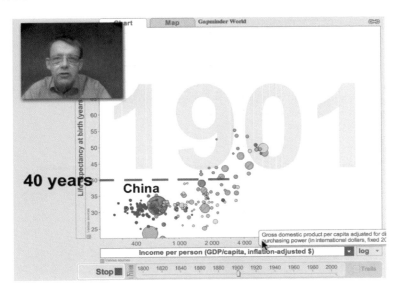

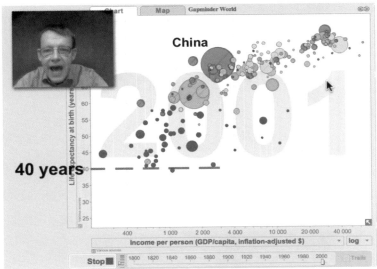

图 2.2.105　动态气泡图：用动画来映射时间变量[1]

1　Gapminder.org, 200 years that changed the world

第五种常见的复合目的是"关联 + 趋势"。

当**桑基图**的流动方向表示时间时，它可以同时用来展现关联和趋势。比如，图 2.2.106 展示了美国的阶层流动数据。左侧是所有的中产阶级人口，右侧的 5 个分支则代表社会中的 5 个阶级（从上到下分别是社会顶层的前 20% 和社会底层的 20%）。因此，其使用的桑基图，也可以理解为人的一生——有的人从中产走向了上层，有的人则从中产迈向了贫穷。同时，作者还用颜色区分了人种，紫色代表黑种人，红色代表白种人。很明显，白种人中上升到社会上层的比重更大，而黑种人则更可能跌入底层。

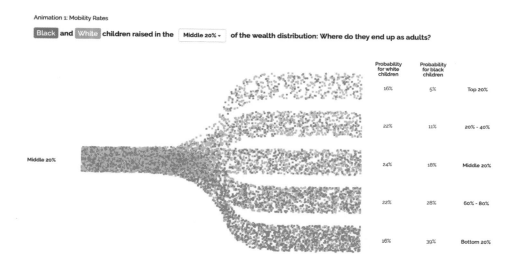

图 2.2.106　表现美国阶层变化的桑基图，图中的圆点从左向右流动，也代表了这些人的一生[1]

如果你想要表现的是网络关系随时间的变化，则可以考虑使用**动态网络图**。图 2.2.107 就是使用了这种方法，来展现一个医药集团的股权变动。网络图中的连线，随着时间的变化而连接或断裂。

1　Fabian T. Pfeffer, Alexandra Killewald, Intergenerational Wealth Mobility and Racial Inequality

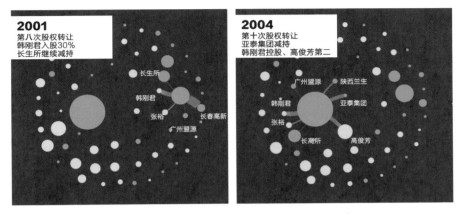

图 2.2.107　用动态网络图展示股权变动[1]

2.3　如何选取合适的可视化图表

在 2.2 节中我们讲到，可以通过用途来给图表归类，这为我们选择合适的图表提供了一个大方向。但是，在每种用途中，仍然有很多种图表可供选择，此时又应当如何抉择呢？以下，笔者提供 7 种思路。

如何选择合适的图表？

1 考虑视觉通道的准确性　　选用的视觉通道适合展示这一数据吗？
　　　　　　　　　　　　　　　选用的视觉通道是否会影响数据感知的准确性？

2 考虑数据的特征　　　　　　我的数据集中，数据量大吗?数据是如何分布的?极差大吗？
　　　　　　　　　　　　　　　选用的图表是否能清晰、完整地呈现我的数据？

3 考虑传达的信息　　　　　　我最想通过图表传达出的观点/结论是什么？
　　　　　　　　　　　　　　　选用的图表是否能够支撑并帮助我讲述我的观点？

4 考虑发布的场景　　　　　　我的图表将会被用在什么场合？
　　　　　　　　　　　　　　　选用的图表是否符合该场合的气氛、能够满足该场合的需求？

5 考虑用户的视觉素养　　　　我的图表要做给谁看？目标受众是谁？
　　　　　　　　　　　　　　　目标受众的年龄/教育背景如何？是否有可能读不懂我的图表？

6 考虑美观度　　　　　　　　哪一种图表在视觉上更加美观？
　　　　　　　　　　　　　　　如果有多个图表，如何搭配这些图表，使他们和谐、美观？

7 考虑与主题的契合度　　　　哪一种图表在外观上与内容更贴近？
　　　　　　　　　　　　　　　是否可以设计"视觉隐喻"？

图 2.3.1　当你面临图表的选择时，可以问问自己这些问题

1　蓝星宇、梁银妍，起底长春长生：19 次股权转让与被低估的同事关系网，2018

1. 考虑视觉通道的准确性

首先，不同的视觉通道，在表达数据的准确度上，是不同的。这是由人类先天的感知系统决定的。在 Cleveland 和 McGill 于 1984 年发表的论文 *Graphical perception: Theory, experimentation, and application to the development of graphical methods*（见本章参考资料 [6]）中，他们针对这一问题进行了心理学实验，结果显示人们对"位置"的感知是最准确的，其次是"长度"，再次是"角度"、"斜率"，最后是"面积"、"体积"和"密度"。

1986 年，Mackinlay 针对这个问题，对以往的心理学研究进行了梳理、整合。他按照数据的类型（分类型数据、顺序型数据、数值型数据），对视觉通道进行了排序。如图 2.3.2 所示，以往的经验研究显示，对 3 种数据类型，"位置"通道都是最准确的。"角度"和"面积"更适合用来表现连续型变量，而非顺序和分类变量。"形状"不能用来编码连续数值和顺序（因此在图 2.3.2 中呈灰色），但在用来区分不同类别时非常有效，排在所有通道的第二位。

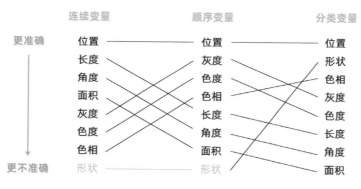

图 2.3.2　Mackinlay 的研究结果（见本章参考资料 [7]）

在图 2.3.3 中，笔者基于同一份数据，用 4 种不同的视觉通道进行了可视化。可以看到，柱状图在表现绝对数值时，优势明显，而另外 3 种图表则比较难以一眼看出数值之间的差异到底有多少。

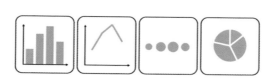

图 2.3.3　用不同的视觉通道呈现同样的数据

以上内容说明了两个问题。

第一，人类对于不同的视觉编码方式，感知效率是不同的。如果单从传达数据的准确性来论，视觉通道的确有优劣之分。

第二，视觉通道的优劣势，在面临不同的数据时，会有所差异。因此，在设计可视化时，有必要先对数据的类型进行充分的了解，再选择适合该数据类型的视觉通道。

2. 考虑数据的特征

有的时候，图表的选择还与数据的特征有关。

例如，当数据中的类别很多时，使用饼图会让画面显得非常杂乱，且难以看清每个扇形的取值。此时，使用柱状图是更好的选择。

再如，当各个类别的取值比较接近时，如果使用饼图，读者将很难分辨扇形的大小差异，而如果换用柱状图，则人们对柱子高度的感知会准确很多（见图2.3.4）。

图 2.3.4　数据差异比较大时的饼图 VS 数据比较接近时的饼图

《金融时报》的折线图（见图2.3.5）也是一个典型的考虑了数据特征的设计案例。这个图表反映了世界各国的新冠确诊人数随时间的变化趋势。与传统的线性坐标轴不同（即坐标轴的刻度之间是等距的），这个设计使用了对数坐标轴，刻度与刻度之间是倍数关系。之所以这样做，是因为数据的极差过大，即最大值和最小值相差太多。因此，如果仍使用线性坐标轴，那么很多数值较低的国家就会被"压"到接近于 x

轴的位置，无法看清。相反，使用对数坐标轴，则可以巧妙地把大多数国家的数据都清楚地展现出来。

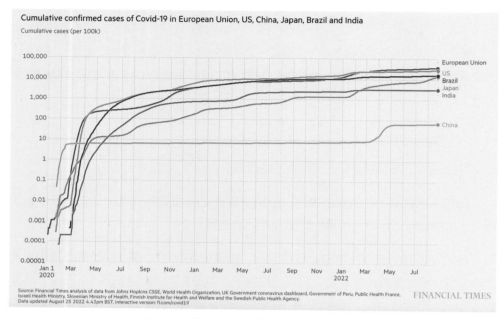

图 2.3.5　《金融时报》对数坐标轴设计 [1]

3. 考虑传达的信息

尽管《金融时报》的这一图表设计，单从呈现数据的角度来说是合理、高效的，但它也受到了一些质疑，比如，这张图是否有美化疫情的嫌疑？

图 2.3.6 展示了同一份数据用线性坐标轴（左）和对数坐标轴（右）绘制的结果。可以看到，如果使用线性坐标轴，很明显，确诊人数一直在保持上升。但是，如果使用对数坐标轴，却似乎给人确诊人数在放缓的错觉（实际上是"确诊人数增长的倍数"放缓了）。因此，有人质疑说，将这样的设计拿给不具备统计学知识的大众看，是否会使得大家对疫情掉以轻心？

从这个例子中我们可以看出，有时图表设计并不仅仅是数学问题、美学问题，还涉及信息传达的问题。图表的选择，实际上能够反映图表制作者本人的想法和态度。

1　Financial Times, Coronavirus tracked: see how your country compares

随着可视化被越来越多地用在人与人的沟通中（如工作汇报、新闻传媒等），考虑图表到底向他人传达了什么样的信息就显得尤其重要。

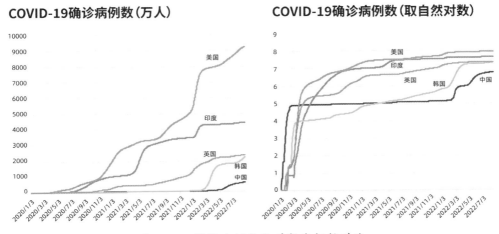

图 2.3.6　线性坐标轴和对数坐标轴对比

4. 考虑发布的场景

可视化的发布场景，也会影响图表的选择。

例如，发布在学术期刊上的图表，客观、准确是第一要义，因此柱状图、散点图、箱线图等被大量采用。反之，发表在日常场景中的图表，则可以比较有趣、吸睛，如玫瑰图、径向柱状图等。

再如，偏好知识获取和理性分析的场景（如经济报道、分析报告），可能更希望图表是简明、直观的。这种情况下，可视化的制作者需要思考如何通过图表，让信息的传递效率最大化。例如，《经济学人》（见图 2.3.7）杂志的图表设计就一直保持十分简洁、理性的风格，用到的图表也以柱状图、折线图、面积图等统计图表为主。而面对偏感性、审美的用户和场景（如艺术杂志、公共展览），图表则需要是独特的、风格化的。如果是这种情形，可视化的制作者就需要花费更多精力在设计可视化的形状、布局、色彩、装饰上。例如，图 2.3.8 所示为设计师 Federica Fragapane 发表在意大利杂志 *La Lettura* 上的图表设计，使用了很多独特的编码形式，以及圆形、异形的可视化形态。

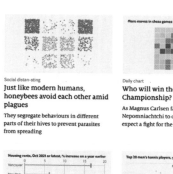
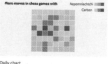
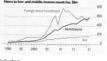

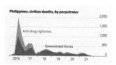

图 2.3.7　《经济学人》杂志的图表设计

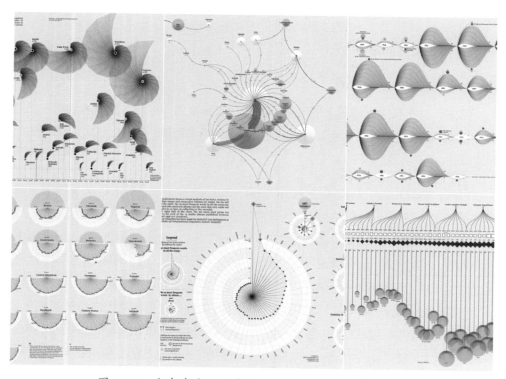

图 2.3.8　发表在意大利杂志 *La Lettura* 上的图表设计 [1]

1　Federica Fragapane, One Year of Visual Narratives

5．考虑用户的视觉素养

我们还需要考虑用户的视觉素养（visual literacy）。视觉素养指的是人们对视觉媒介的理解、鉴赏和运用能力，也被称为"图像识读能力"。视觉素养与一个人的年龄、学习背景、教育层次、生活环境及思维方式都有关系。简而言之，一个经常接触数据、阅读图表的人，面对复杂的视觉编码，可能理解得更快，也更有可能去欣赏复杂的图表设计。而一个没有相关经验的人，则可能耗费更多精力去读图，或是读图之后仍然无法理解。对于这样的人群来说，简单、清晰的图表会更加有效。这一点，在面向特定用户群体（如青少年、老年人、农村地区）进行图表设计时，显得更加重要。

一般而言，具有以下几种特征的图表，不需要较高的视觉素养就能读懂。

（1）常见的图表更易懂。地图、柱状图、折线图、饼图等是最早被发明出来的统计图表，早已在社会的各行各业中被广泛应用、深入人心，也是最容易被读懂的图表。

（2）编码简单的图表更易懂。视觉编码少，则一眼看过去就能"解码"。视觉编码多，则"解码"时间更长。

（3）编码手法比较常规的图表更易懂。如果编码手法是人们常见的（如把数据按从左到右的顺序编码），"解码"会更加容易。而当编码手法比较新颖时（比如把数据排列到一朵花上），"解码"时间则会增加。

（4）隐喻明显的图表更易懂。如果该图表的视觉与它要表现的内容是内在一致的，那么会更容易理解。例如，流图利用了"时间"与"河流"之间的隐喻关系，让时间类数据的呈现更加直观。树状图使用了树木"分叉"的隐喻，因此也比较一目了然。反之，如果图表的视觉与它要表现的对象关系不明显，则会增加用户的理解成本。

目前，关于数据可视化的视觉素养，学术界已经形成了一些标准化的评估方法。比如，Lee 等人（见本章参考资料 [8]）在 2016 年提出了一套用于评估数据可视化的视觉素养的问卷，一共测试了 12 种可视化类型（见图 2.3.9）。其中，折线图、柱状图、饼图较为常见，要求的视觉素养相对低，而像直方图、气泡图、树图等图表，要求的视觉素养相对高。感兴趣的读者可以登录该项目的网站进行自测。

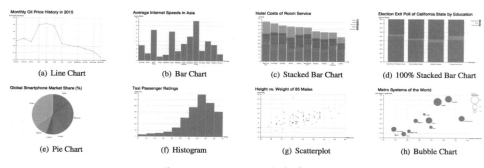

图 2.3.9　VLAT 视觉素养测试

6. 考虑美观度

我们还可以根据美观性来选择可视化，比如，可视化的形状是多边形还是圆形，布局是紧凑还是稀疏等。举个例子，打包圆形图和树图相比，空间利用率较低、比较稀疏，但是，这种圆形的图表在大众媒体中的使用频率似乎高于树图。这是否是审美因素导致的呢？

在一篇发表于 2007 年的文章 *The effect of arsthetic on the usability of data visualization*（见本章参考资料 [9]）中，研究者们就探究了这个问题。他们准备了一系列表示层级结构的可视化图表，如树图、旭日图等，让用户来评价这些图表的美丑。结果显示（见图 2.3.10），有着圆润、饱满形状的图表更可能被认为是"美观的"，而树图则偏向"丑陋"的一端。这一研究告诉我们，即使是完全一样的数据，用不同的图表来进行可视化，给予读者的观感可能是差别很大的。

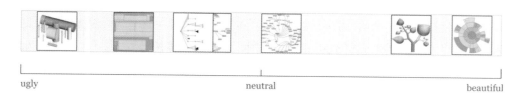

ugly　　　　　　　　　　　　　　neutral　　　　　　　　　　　　　　beautiful

图 2.3.10　同样是表现层级类数据的可视化，却能带来不同的审美感受。左边表示用户认为最丑的可视化，右边表示用户认为最美的可视化

当我们需要把多个图表放在一起时，还需要考虑图表之间的统一性、差异性、和谐性等。例如，我们在制作数据大屏时，往往需要将一系列图表整合在一个固定

大小的画布上。这时候，我们需要考虑图表的统一性，如占比类的数据都使用饼图或环图，男性都用蓝色表示、女性都用红色表示等，这样可以减少读者的认知成本。但是，如果相同的图表重复的次数过多，读者又可能感到无聊。在这种情况下，在设计中加入一些差异性也是必要的。比如，用不同的图标（Icon）对图表进行填充、加入一些个性化的装饰等。

整体来看，我们还需要考虑整体视觉的和谐性。例如，如果一个设计的整体风格偏向"商务大气"，则使用常规的统计图表会给人专业、严谨的感觉，此时，如果使用可爱的象形图，则是不太和谐的。相反，如果一个设计希望达到轻松娱乐的效果，那么，使用简单、有趣的图表更加适合，而比较复杂的、专业的图表则会提升读者的阅读门槛，削弱娱乐性。

7. 考虑与主题的契合度

任何图表都需要承载内容。如何让图形、图像传达的意义，最大程度地与内容匹配，也是我们在选择图表时需要考虑的。

例如，在图 2.3.11 的设计中，作者使用了沃罗诺伊效果的圆面积图，来表现盲人在求助时通常会问哪些问题。这一设计巧妙地把图形组织成了类似瞳孔的效果，加上黑白的配色，以及外圈的装饰，最终形成了一个"眼睛"的隐喻，非常符合其叙事的主题。

再如，*Poppy Field*（《罂粟花田》）是一个反思战争的可视化作品。设计师回顾了人类历史上的重大战争，并将与这些战争相关的数据（如死亡人数）编码到了罂粟花的图案上。在第一次世界大战中，一场惨烈的壕沟战就发生在开满罂粟花的田野中。而后，这种艳丽的花朵，逐渐成为欧美及英联邦各国用于悼念阵亡士兵的"国殇花"。因此，设计者这一意象与数据可视化进行了结合，营造出了一片繁茂的罂粟花田，那是人类残酷历史的证明。

可见，一个与主题契合的数据可视化，不仅可以帮助读者更快进入数据所指涉的情境，也可能传达更多的情感信息，让数据不仅仅停留在冰冷、理性的客观层面，而是能够讲述打动人心的故事。

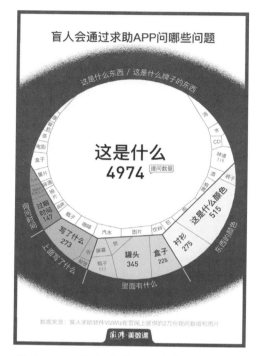

图 2.3.11   用沃罗伊效果来模拟瞳孔[1]

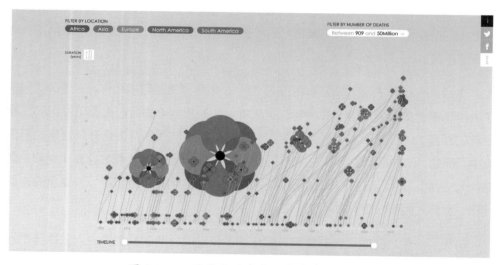

图 2.3.12   用花朵的意象纪念战争死亡者[2]

1   澎湃美数课，看见盲人眼中的世界，2020
2   Valentina D'Efilippo et. al, Poppy Field

　　至此，我们总结了 7 种选择可视化的思路。此外，你还可以借助一些工具网站，去浏览现有的优秀可视化作品，从而寻求一些灵感和思路。例如，国内的"图之典"网站（见图 2.3.13）总结了各种各样常见的图表类型，并提供相应的基础知识教学、设计案例和制作教程。国外的类似的工具网站有 Data Viz Project（见图 2.3.14）、Data Viz Catalogue 等。

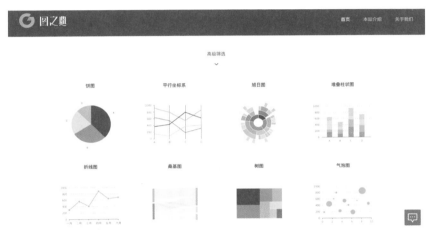

图 2.3.13　图之典

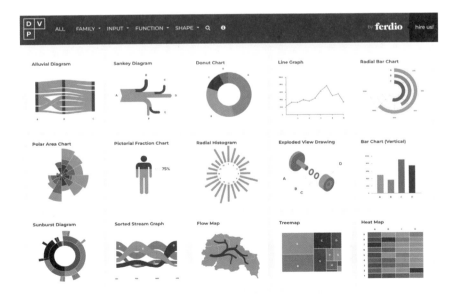

图 2.3.14　Data Viz Project

参考资料

[1] Bertin J. Semiology of graphics; diagrams networks maps[M]. 1983.

[2] Wilkinson L. The grammar of graphics[M]//Handbook of computational statistics. Springer, Berlin, Heidelberg,2012: 375–414.

[3] Munzner T. Visualization analysis and design[M]. CRC press, 2014.

[4] Gu Z, Gu L, Eils R, Schlesner M, Brors B. Circlize implements and enhances circular visualization in R[J]. Bioinformatics. 2014, 30(19):2811–2812.

[5] Brehmer M, Lee B, Bach B, et al. Timelines revisited: A design space and considerations for expressive storytelling[J]. IEEE transactions on visualization and computer graphics, 2016, 23(9): 2151–2164.

[6] Cleveland W S, McGill R. Graphical perception: Theory, experimentation, and application to the development of graphical methods[J]. Journal of the American statistical association, 1984, 79(387): 531–554.

[7] Mackinlay J. Automating the design of graphical presentations of relational information[J]. ACM Transactions on Graphics (Tog), 1986, 5(2): 110–141.

[8] Lee S, Kim S H, Kwon B C. Vlat: Development of a visualization literacy assessment test[J]. IEEE transactions on visualization and computer graphics, 2016, 23(1): 551–560.

[9] Cawthon N, Moere A V. The effect of aesthetic on the usability of data visualization[C]//2007 11th International Conference Information Visualization (IV'07). IEEE, 2007: 637–648.

❸ 量体裁衣
选择可视化工具

3.1 哪些工具可以用于制作可视化

数据可视化的初学者经常面临这样的问题：我应该从哪个工具学起？学多少工具才够？

回答这些问题的前提，是了解到底有哪些工具可以选择，它们在功能上有哪些重合之处，各自的优劣势又在哪里。为此，笔者将现有的可视化工具分为 6 个大类，并进行依次讲解（见图 3.1.1）。

图 3.1.1　工具的类别及典型代表

3.1.1 办公软件

办公软件包括数据表单处理软件，如 Microsoft Excel、WPS Office、苹果系统的 Numbers，以及云端的 Google Spreadsheet、石墨文档等。这类软件在大众用户中普及率很高，操作起来也比较简单。用户只需框选数据、点击、配置参数即可。

目前，办公软件中内置的图表，一般都比较丰富。以 Excel 为例，默认支持的图表包括柱状图、折线图、饼图、圆环图、面积图、散点图、雷达图等。在 Excel 2016 及更高的版本中，还加入了树图、旭日图、直方图、箱线图、漏斗图等（见图3.1.2），基本能够满足日常的作图需求。

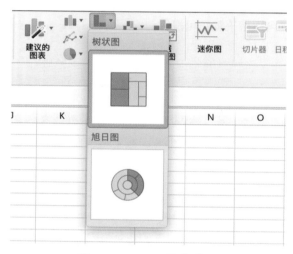

图 3.1.2 Excel 图表界面

此外，办公软件往往有自己的"生态圈"，做好的图表可以在"生态圈"的其他软件中兼容。比如，Excel 中生成的图表，可以直接粘贴到 Word 或 PPT 中，用户可以在这些软件中继续对图表进行编辑。另外，得益于办公软件的广泛普及，它们输出的数据格式也能够被许多"生态圈"外的软件兼容。例如，许多的分析软件和程序语言都可以直接读取 Excel 输出的 .xlsx 和 .csv 文件。在 Excel 中，我们也可以把图表保存为 .pdf 格式，再在设计软件中打开。这会保留图表中的矢量元素，从而方便我们对其进行细致的编辑和美化。

因此，如果你的目标是绘制静态的、偏基础的图表，则可以使用办公软件绘图，或者以办公软件作为绘图的起点。借助一些特定的插件，你还可以成为"高级Excel玩家"。比如，目前已经有插件支持在 Excel 中制作动态的气泡图（插件名：Power View），甚至将 Excel 的图表，直接转换为 D3.js 代码，发布在网页上（插件名：E2D3）。

不过，办公软件也有一些局限性。

第一，办公软件并不是专门的数据可视化工具，因此对于一些复杂的可视化图表，难以实现，或者步骤繁复。比如，在许多办公软件中，绘制地图都是比较困难的；如果要实现径向柱状图、南丁格尔玫瑰图这样的效果，可能需要对数据表格做一系列处理和变换。

第二，像 Excel 这样的工具，生成的默认图表很多时候并不尽如人意。为了从默认效果，到真正制作出一张清晰、美观的图表，我们需要自行配置一系列参数，例如图表的标题、留白距离、颜色、网格线等。目前，这些交互的过程，在许多办公软件中并不算简单。因此，在使用办公软件画图时，我们不得不面临"看上去容易，实际上却花了很多时间"的困境。

第三，在无插件的状况下，大部分办公软件目前只支持静态图表。如果你想要制作动画，或者为图表加上比较酷炫的交互效果，使用办公软件则难以实现。

综上所述，我们将办公软件的优势和限制总结为如下几点。

优势：

- 常用、操作简单；
- 涵盖大多数基础图表；
- 方便链接到"生态圈"中的其他软件；
- 与"生态圈"外的软件兼容性比较好；
- 有一些插件可以利用。

限制：

- 非常规图表较少，比如，难以实现复杂一些的图表，或者步骤比较繁复；
- 如果要做出一张清晰、美观的图表，常常需要用户自行配置许多参数；
- 一般情况下，图表的表现力有限。

3.1.2　在线平台

随着数据可视化的普及和发展，用于制作图表的在线工具和系统也越来越多。这些工具基本上都使用图形化界面，并提供许多专门的数据可视化模板。用户只需上传自己的数据，然后选择相应的图表类型、模板，再调整参数即可完成制图。国内著名的平台有花火数图、镝数图表、图表秀等。国外的平台有 Flourish、Datawrapper、Rawgraphs、Plotly 等。

这类工具的共性都是商业化程度高，比较容易上手。此外，这类工具还可以生成各种形态的可视化图表，既有静态的图片，也有网页、动画视频等。因此，相较于办公软件，在输出形式上更加丰富一些。

比如，Flourish 提供各种各样的图表模板，用户只需要修改数据，即可生成一个自己的可视化作品。之后，再对颜色、间距等参数进行调整，就能获得一个比较满意的效果。值得一提的是，它的模板中还包括在办公软件中不常见的图表（如流图、金字塔图，见图 3.1.3），以及许多热门的图表形式，尤其是带动画的图表（如追逐的柱状图、动态的气泡图等，见图 3.1.4）。因此，对于希望快速实现这种视觉效果的用户来说，使用这类工具是一个捷径。

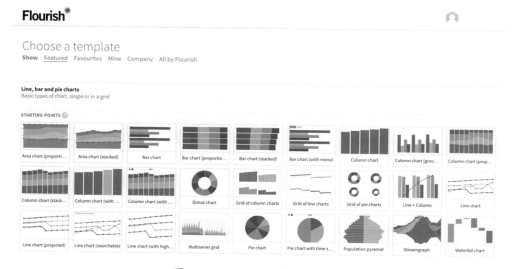

图 3.1.3　Flourish 的模板界面

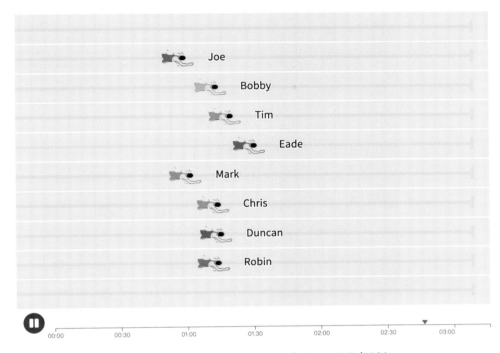

图 3.1.4 专门用于呈现游泳比赛过程的图表模板

再如，Plotly 是一家数据可视化服务提供商。他们开发的图表库不仅可以用在 Python、Javascript 等编程语言中，也有线上版本（Plotly Chart Studio）。在线上版本中，用户也只需粘贴进自己的数据，然后选择图表类型（见图 3.1.5）、配置参数，即可完成可视化。

除了商业平台，一些学术研究团队也会发布一些系统，这些系统往往是其最新的研究成果。比如，Charticulator（见本章参考资料 [1]）是一个专门设计可视化图表的系统。它基于微软研究团队于 2018 年发表的一篇学术论文，主要致力于实现灵活、自由的可视化布局（见图 3.1.6）。

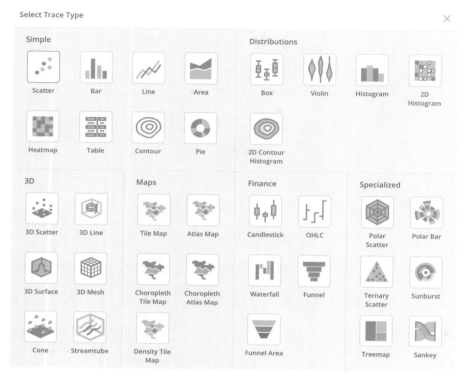

图 3.1.5 Plotly Chart Studio 支持的图表类型

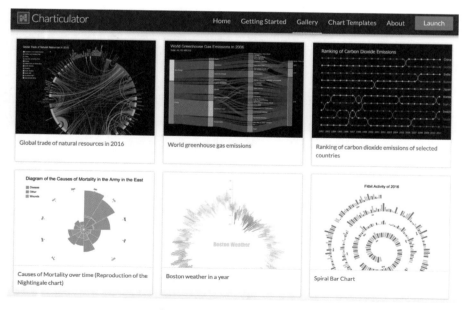

图 3.1.6 Charticulator 主页

Data-Driven Guides（见本章参考资料 [2]）是一个辅助象形图设计的系统。以往，如果要实现图 3.1.7 所示的效果，设计师一般需要一个一个移动图形，才能完成排版。但是，借助这种新工具，设计师在设置好柱子的骨架后，图形的形状就会自动"贴"上去。

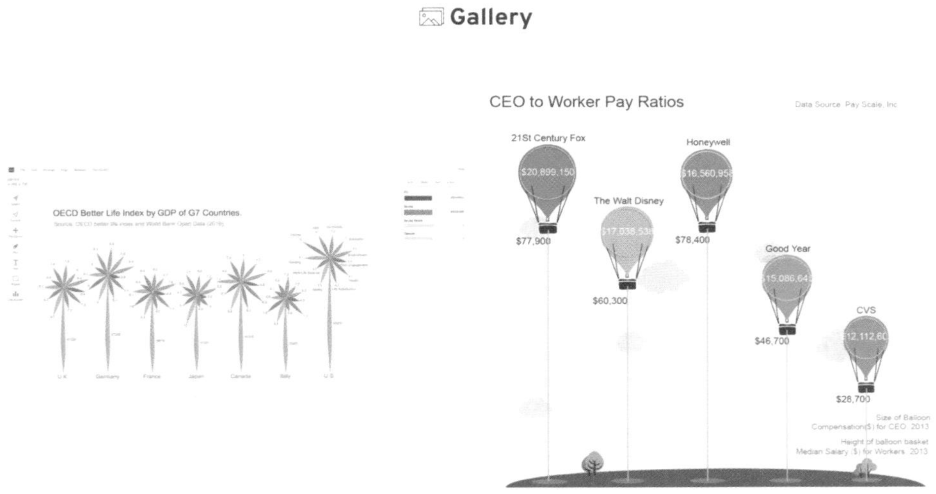

图 3.1.7　Data-Driven Guides 主页

近年来，用于辅助可视化生成和设计的学术成果还在不断增加。例如，帮助制作可视化动画的 Data Animator（见本章参考资料 [3]）、用于自动生成数据故事的 Calliope（见本章参考资料 [4]）等。这类学术系统的优点在于比较前沿和新颖，解决的都是一些用户的痛点问题，但其商业化和大众化程度相对较低。当然，可以想见的是，当学术界的成果成功落地和转化为成熟的产品时，我们制作可视化的门槛也将进一步降低。

优势：

- 可以零代码实现一些复杂的可视化效果；
- 可以输出多种形态的图表，如图片、网页、视频等；
- 学术类系统比较前沿和新颖。

限制：

- 在线平台类工具的数量比较多且分散，需要一个长长的收藏列表；

- 商业平台的高级功能可能需要付费；
- 部分工具可能使用门槛较高。

3.1.3　商业智能软件

商业智能软件主要是为企业的数据分析和报表生成服务的，数据可视化也是其中非常重要的一环。目前，商业智能软件的发展已经比较成熟，既有国外的 Tableau 和 Power BI 等，也有国内的帆软等。这些软件的共性在于，都提供比较强大的数据分析功能，并配置了丰富的图表类型和设计选项，也有对应的用户社群，贡献各类插件和教程等。

其中，以 Tableau 为代表的软件，打破了传统的"图表分类"和"图表模板"的理念，不把可视化限制在有限的类别中，而是采纳了可视化的底层逻辑——视觉通道映射理论。用户在上传自己的数据集后，确认数据集中数据字段的类型（分类型变量、数值型变量、地理型变量等）。之后，用户通过将数据字段拖入视觉通道中，完成可视化的生成。相比模板化的工具，这种用视觉通道映射生成可视化的方法门槛相对高一些（需要用户理解并熟练运用这种方法），但也更加自由。

近年来，Tableau 在积极开拓市场的同时，也推出了一系列智能功能。比如，智能图表推荐使用 Show Me 模块（中文版称作"智能显示"），可以告诉用户生成特定图表需要哪些数据字段。例如，如图 3.1.8 所示，用户拖入了两个连续型变量，符合散点图的绘图要求。此外，Tableau 目前已经支持自然语言输入，用户只需要比较规范地输入自己的需求（例如，"查看 2000—2010 年汽车的总销量"），系统则会自动提取相应的数据字段进行计算，并生成图表。

这些功能也体现了商业智能软件的一大特色，即将数据分析和数据可视化深度整合在一起，在数据分析上的效率高于办公软件。在使用 Excel 这样的办公软件时，我们常常不知道数据里有什么价值点、哪些数据值得可视化，因此需要自己在数据表单里观察和探索较长时间。但是，使用商业智能软件，通过简单的交互，就可以快速了解数据，并制作出数据可视化作品。

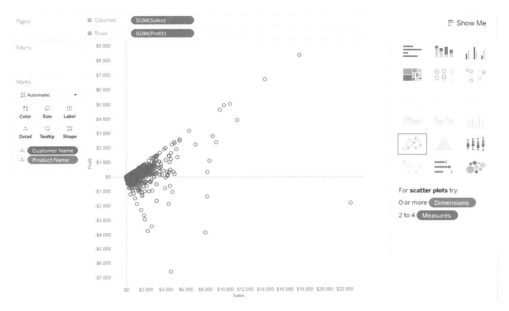

图 3.1.8　Tableau 图表推荐

　　此外，商业智能工具的另一个特色在于企业用户较多。它们可以与企业数据库相连，从而实现"数据库—数据分析—数据可视化"的完整链条。

优势：

- 相比一般的办公类软件，可视化效果更多、更自由；
- 软件自身的生态（如社群、插件等）；
- 与数据探索和数据分析深度绑定，方便形成从数据分析到数据可视化的完整链条；
- 企业级用户多。

限制：

- 需要一定的数据分析和可视化基础；
- 可能需要付费；
- 一些效果（如交互、动画等）只能在软件自身生态中实现。

3.1.4　设计软件

设计类软件包括 Adobe illustrator（AI）、Figma、Adobe After Effects（AE）、C4D、Blender 等。

在这些软件中，AI 是比较常用的平面设计工具，许多优秀的信息设计作品都出自 AI。AI 本身自带一个图表工具，可以绘制 9 种类型的图表，如折线图、饼图、散点图、雷达图等。用户在选定特定的图表类型后，先在画布上框选出图表的绘制范围，然后输入数据，即可生成图表。之后，用户可以针对生成的图形、文字等进行更细致的美化（见图 3.1.9）。

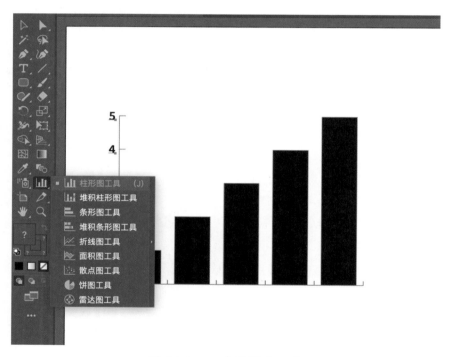

图 3.1.9　AI 中的图表工具

当然，尽管 AI 提供简单的图表工具，但处理和分析数据并非 AI 的本职。因此，另一种比较常见的做法是先在其他专业工具中生成数据图表，然后将其保存为矢量格式，放到 AI 软件中编辑。例如，如前文所述，我们可以先在 Excel 中生成图表，然后保存为 .pdf 格式，再导入 AI 进行编辑。或者，我们也可以通过在线工具作图，

导出 .svg 格式，然后用 AI 进行美化。换言之，只要是能够导出矢量格式的工具，都可以跟 AI 结合起来使用。在第 4 章中，我们也会用一些真实的例子来详细讲解这一过程。

如果你还想在设计软件中制作动画，则可以使用 AE（见图 3.1.10）等工具。其基本原理是在时间线上设定图表在每个时刻的外观，以及运动速度、路径等，从而生成图表的连续变化。

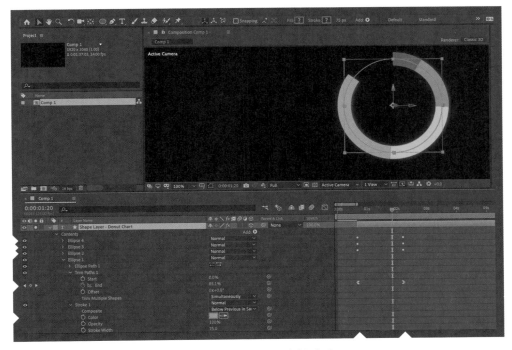

图 3.1.10　用 AE 编辑动画

使用设计工具的最大优点在于，用户可以根据自己的喜好去编辑字体、排版、颜色，以及添加各种装饰性素材等，从艺术审美的角度看，发挥空间很大。另外，它也方便用户从尺寸、构图等角度，去精细地调整可视化设计。

不过，反过来说，较高的灵活性和自由度，有时也会变成劣势。比如，当我们需要快速、大量地绘制图表时，设计工具就显得不太高效，因为它需要较多的人力去定制图表的外观。此外，从上手的角度来说，设计软件也有一定的门槛，需要使用者有一定的设计基础和审美能力。

优势：

- 在设计上最灵活，自由定制的空间大；
- 拖曳、拉伸等编辑方式，所见即所得；
- 可以制作视频、三维建模等复杂可视化形态。

限制：

- 需要一定的设计基础和审美能力；
- 人工成本比较高；
- 在无插件的情况下难以实现交互图表。

3.1.5　编程语言

各类编程语言也可以用于绘制可视化图表。相比前述的工具，编程语言的主要优势如下。

（1）灵活性高，可以用程序语言定制可视化效果；

（2）可利用的库很多，可以绘制出各种图表类型，也可以制作动画、交互网页等，能够实现的可视化效果最丰富；同时，可利用的代码实例、资源也有很多，还有论坛等方便答疑、交流的平台；

（3）复用性高，写好的代码可以应用在新的数据集上，而不用每次都完全从头绘图；

（4）有能力处理较大规模的数据。

1.　R 语言

R 语言本身就是为统计分析和制图而生的语言，发布于 1993 年，因而也算是可视化的老牌正规军。ggplot2 是目前 R 中最常用的数据可视化绘图库，发布于 2005 年，主要用于绘制静态图表（见图 3.1.11）。除此之外，R 中还有非常丰富的库，可以帮助实现比较酷炫的可视化效果，例如，animation 库可以用于制作动态图表。

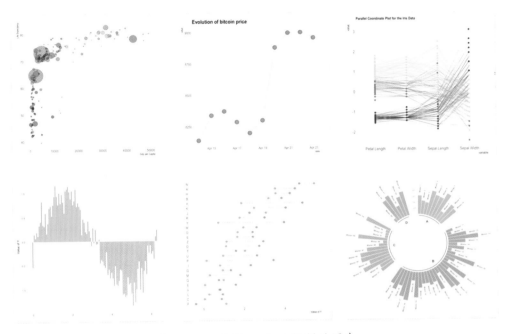

图 3.1.11 使用 ggplot2 绘制的图表

2. Python

Python 是近年发展迅猛的编程语言，同时也发展出了非常丰富的生态。比如，pandas 库可以用来处理梳理表单，NumPy 和 SciPy 库常用于数据清洗、预处理和计算，matplotlib 是常用的绘图库（见图 3.1.12）。作为另一个广受欢迎的绘图库，seaborn 在 matplotlib 的基础上进行了进一步的封装，使得绘图代码更加简洁。同时，还有 Bokeh 库可以用于制作交互图表。例如，图 3.1.13 所示为一个由 Bokeh 绘制的热力图。鼠标光标放置在图表上时，会显示对应的数值。此外，用户还可以放大 / 缩小图表范围、保存图片等（右侧有一个交互工具栏）。

近年来，以华盛顿大学交互数据实验室为代表的研究团队，还推出了专门用于制作可视化的语法 Vega 及 Vega-Lite。Vega 语法采用 JSON 格式的声明式语法结构，并且遵循了可视化经典的视觉映射理论。图 3.1.14 展示了一个绘制柱状图的案例，用户首先需要引入数据，然后配置基础图形为"柱形"（bar），再分别配置 x 轴、y 轴映射的字段，即可生成一个柱状图。目前，Vega 也试图融入常用的编程语言，如封装为 R（Vega-Lite）和 Python（Altair）中可用的库，以及提供 Javascript API 等。

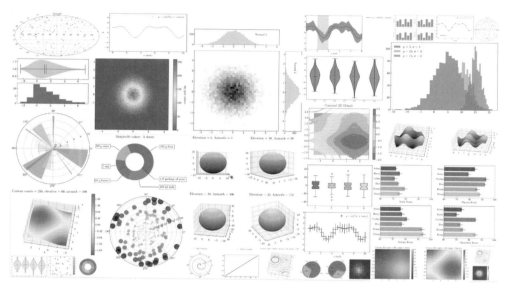

图 3.1.12　使用 matplotlib 绘制的图表 [1]

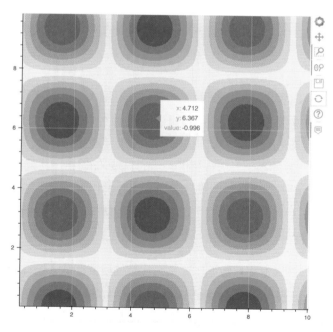

图 3.1.13　使用 Bokeh 绘制的交互式图表

1　Python Data Visualization with matplotlib — Part 1

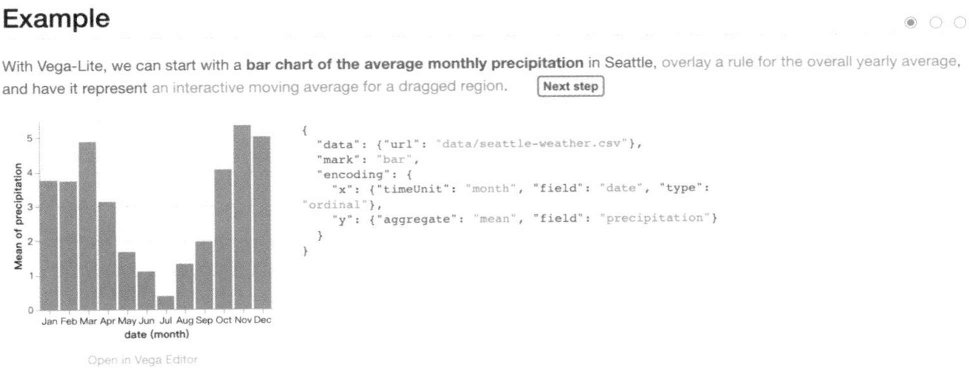
Example
With Vega-Lite, we can start with a bar chart of the average monthly precipitation in Seattle, overlay a rule for the overall yearly average, and have it represent an interactive moving average for a dragged region.
Next step
Mean of precipitation
0
1
2
3
4
5
Jan Feb Mar Apr May Jun Jul Aug Sep Oct Nov Dec
date (month)
{
"data": {"url": "data/seattle-weather.csv"},
"mark": "bar",
"encoding": {
"x": {"timeUnit": "month", "field": "date", "type": "ordinal"},
"y": {"aggregate": "mean", "field": "precipitation"}
}
}
Open in Vega Editor

图 3.1.14　用 Vega-Lite 语法画图

3. Javascript

Javascript 是一种前端语言，由 Javascript 开发的图表主要显示在网页中。目前，也有很多成熟的 Javascript 图表库可以利用。

封装程度比较高的库有 Apache Echarts，以及蚂蚁集团旗下的 G2（见图 3.1.15）、F2 等。这些库把图表中最常用的组件（如标题、坐标轴、图例等）抽象出来，用户通过替换数据、调整组件的参数，即可快速开发出一个图表。其中，Apache Echarts 把可视化分为了明确的图表类型，相对更加模版化；而 G2 则采用了视觉通道映射理论，支持用可视化语法配置图表，定制程度相对更高。

而自由度更高的代表性前端库则是 D3.js（简称 D3）（见图 3.1.16）。D3 采用的也是视觉通道映射理论，用户需要逐一配置视觉元素，以及它们的映射通道，才能制作出图表，其步骤更接近于一步一步画画的过程。但是，这种语法的好处在于能直接操作 svg，用户可以自由操作的空间非常大，因此也可以定制出非常酷炫的可视化效果。同时，D3 对于数据的读取和处理很灵活，通过对数据的筛选、切换等动作，可以做出流畅的转场效果。此外，近年来，像 Three.js 这样的 3D 前端库，也越来越多地被用在渲染 3D 可视化上。

图 3.1.15　G2 图表库

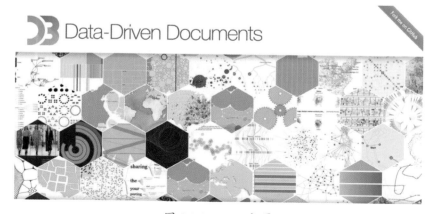

图 3.1.16　D3 主页

4．Processing

Processing 是一种常用于电子艺术和视觉交互设计的编程语言，以 Java 语言为基础，但使用较为简练的语法，用户可以高效地创建图形的填充、线条、位置、动态等视觉属性。除了生成基础的图形，还能够产出极具创意的作品，因而整体来说非常迎合设计师的需求。目前，Processing 在生成艺术、互动艺术等领域应用广泛，当然，也可以用于可视化图表的制作。同时，Processing 也已推出了它的 Javascript 版本：P5.js，使得用户也可以在 Javascript 环境中实现相同的编程功能（见图 3.1.17）。

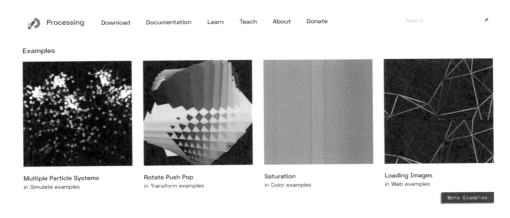

图 3.1.17　Processing 主页

从以上的介绍可以看出，像 Python、R、Vega、Javascript、Processing 这样的编程语言，彼此之间经常可以互相支持、转换。一个比较成熟的图表库，有可能支持多种编程语言环境，这使得用户不必在各种语言之间来回切换。换言之，如果可以熟练掌握一到两门编程语言，那么就很容易触类旁通，将各种编程资源利用起来。

不过显然，使用编程语言是有门槛的，尤其是对于非计算机背景的用户来说，前期学习的成本会相对高一些。此外，有的时候我们可能还会遇到代码库太多，选型比较困难的情况。

优势：

● 灵活性高，可以自由定制效果；

- 丰富的图表库，可以制作出形态非常丰富的图表，包括静态图、动画和交互等；
- 代码复用性高；
- 可以处理大规模数据；
- 语言之间互相支持，触类旁通。

限制：

- 需要编程基础；
- 可利用的编程语言和库很多，要选择到最适合的语言／库，比较耗费精力。

3.1.6　专项工具

还有一些工具可以用于制作特定类型的图表。

第一类是地图。作为一种比较特殊的图表，地图有着较多的专项工具，包括专业软件 ArcGIS、QGIS；在线工具如 CARTO、Kepler.gl；Javascript 库 L7、Leaflet；高德地图 API；R 库 ggmap；Python 库 basemap、folium 等。

除此之外，制作网络图也有较为专业的工具，如桌面软件 Gephi（见图 3.1.18）、Cytospace；Javascript 库 G6、cytoscape.js；Python 库 networkx 等。

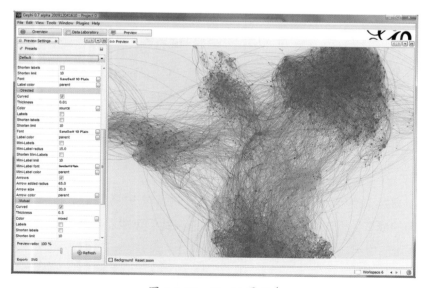

图 3.1.18　Gephi 界面 [1]

1　Gephi.org, Screenshots

另外一种相对独立的图表类型是流程图和思维导图。相关工具包括百度脑图、ProcessOn（见图 3.1.19）、亿图等。

图 3.1.19　ProcessOn 主页

除了面向特定图表类型的专项工具，还有一些面向特定体裁的专项工具。如专用于制作数据大屏的 DataV、百度 Sugar、网易有数、灯果可视化等，以及专用于制作信息图的 Infogram、Canva 等（见图 3.1.20 和图 3.1.21）。

图 3.1.20　DataV 大屏示例：智能工厂

图 3.1.21　Canva 上的信息图模板

3.2　如何选取合适的工具

3.1 节中，我们对可视化工具进行了比较系统的归类，并介绍了一些知名或成熟的工具。而实际上，市面上存在并可以使用的可视化工具还有很多。面对如此丰富、眼花缭乱的工具，我们应当如何选取最合适的呢？

以下，笔者提出 4 个值得考量的维度（见图 3.2.1）。

如何选择合适的工具？

1 该工具是否能满足我的可视化需求？
[我的需求是什么? 我想实现什么可视化效果?
  这个工具可以做什么? 可以帮我实现目的吗?]

2 如何最大程度优化可视化工作流？
[有必要使用多个工具吗?
  如何最高效地实现工具之间的切换?]

3 我擅长什么工具？
[我已经掌握了哪些工具?
  我的兴趣是什么? 我喜欢使用什么工具?]

4 学习难度与效价如何？
[如果要学习新工具,和我之前的技能是重合还是不同?
  对我来说难度如何?是否有充足的学习资源?]

图 3.2.1　选择工具时，你可以问自己这些问题

1. 该工具是否能满足我的可视化需求？

所谓可视化需求，指的是最终这个可视化作品将呈现在哪里？使用场景是什么？谁来用它？这往往决定了我们选择什么类型的可视化工具。比如，如果最终要呈现在网页、App 等前端设备上，并且要能实现交互功能，那么就需要使用前端编程工具进行开发。如果是发布在公众号上，或者是放在 PPT 里进行演示，制作静态图或者简单的动图即可，那么可以用到 Excel 等办公软件，以及 AI 等设计工具。如果对数据处理和统计功能有更复杂的需求，可以使用编程语言，如 R、Python 等。如果想要实现"数据库—数据分析—数据可视化"的一站式解决方案，则可以使用各种商业智能软件。如果需要制作特殊类型的图表，如地图、大屏、信息图，可以优先了解一下好用的专项工具。

2. 如何最大程度优化可视化工作流？

所谓"工作流"，指的是数据可视化经常具有多个步骤，因此需要在步骤之间找到一个最顺畅、最高效的工作路径。如果使用了过于繁杂的工具，或者需要在不同的工具之间不断切换，将使得可视化流程比较低效。因此，在正式动手之前，我们需要事先筹划如何用最少的工具，最精准地完成任务。例如，数据存储成什么格式？用什么分析？分析和可视化要用同一个工具吗？有必要用不同的工具吗？若使用不同工具，彼此可以连通吗？

当然，这也需要我们对各种工具，以及每种工具擅长完成的任务，有比较清楚的了解。比如，如果我们可以熟练使用 R 或 Python，知道它们既能完成数据的读取、格式转换、分析，也能做数据可视化，那么，就可以直接在这些工具中跑通工作流。但是，如果使用编程来完成某项任务，对你来说并不容易，那么借助好用的在线工具反而能事半功倍。再如，如果我们比较熟悉各种设计工具，则可以尽量形成以设计为中心的工作流，可以先从分析类工具中导出 .pdf、.svg 格式的文档，然后进入设计软件进行编辑。

最后，鉴于一些数据可视化项目需要团队协作，如何更高效地与团队成员交接，也属于优化工作流的范畴。比如，一个传统的工作场景是，用户需要编辑和整理很多散乱的 Excel 表单，这些表单可能来自多名团队成员，且格式也不统一。如果使用云端的协作工具，则可以大大缓解这个问题，因为每个成员都可以实时看到他人的进程，也方便建立统一的数据格式。

3. 我擅长什么工具?

每个人都有自己的兴趣和擅长的领域,因此,选择自己觉得最顺手、最舒服的工具,也是很重要的。比如,当多个工具都可以满足绘图需求时,可以优先选择你比较熟悉的那个。以最简单的柱状图为例,有的人习惯在办公软件里生成,有的人喜欢写代码生成,有的人直接在设计工具里绘制,也有人更愿意从在线工具里找好看的模板来进行替换,手段本身并没有优劣之分。当然,你也可以努力走出舒适圈,把本不擅长的工具,变成自己擅长的工具。

4. 学习难度与效价如何?

如果你本身并不精通某个工具,但又想要使用它,则有必要考虑掌握它的难度。需要承认,工具的学习难度确实是有差异的。我们之所以喜欢收藏各种好用的工具,就是因为它们帮助我们降低了做事情的难度,将原本复杂的、不常见的、费时费力才能实现的可视化效果,变得大众化、易上手了。但是目前,许多可视化的制作门槛依然存在,想要用 D3.js 这样的工具去实现复杂的可视化效果,学习难度相对更大,也需要更多的练习时间。此时,时间成本、是否有优质的学习资源等,就是学习者必须要评估的要素。

此外,我们还需要评估工具的效价,即掌握它对于满足个人需求的价值如何。这也是可视化初学者比较容易忽略的一点。有时候,"乱花渐欲迷人眼"的可视化工具,让我们产生一种"学会越多工具越好"的错觉,以及"学不会某某工具就焦虑"的心情,反而忘了我们究竟要用工具来做什么、学习它的必要性在哪里。评估效价时,你可以问自己以下的问题:要实现我的可视化需求,哪些方面我已经可以胜任了? 我有什么特别想要补足的短板 / 增加的技能吗? 我想学习的工具和我已经掌握的工具,有功能重叠之处吗? 学习新的工具,可以让我的工作流更加顺畅和完整吗? 如果我感觉学习这一工具对我太难,它有简单的替代品("平替")吗?

通过综合以上 4 个维度,我们便能更加客观地评估自身的需求、能力,并找到最适合自己的工具。以下,笔者再列举几个比较典型的案例,并给出相应的推荐方案。

例子一:小 A 是某公司的行政办公人员,平时会用 Excel 进行一些数据的整理和分析工作,同时需要基于 Excel 中的数据制作汇报材料和演示文稿。小 A 希望自己做出来的图表可以看上去美观、专业一些。同时,她觉得总是用柱状图、饼图有些枯燥，因此偶尔也想制作一些更新颖的图表，比如玫瑰图。

可以看到，在小 A 的使用场景中，Excel 是最主要的工具，且可视化的需求以静态图表为主。她的主要需求，是提升自己在绘图上的美观度，以及在 Excel 内置的图表以外寻求一些资源。基于这些需求，较优的学习策略是，首先提升自己运用 Excel 的能力，包括熟悉 Excel 中的各种高级功能（如条件格式、数据计算模块、坐标轴配置、各种函数等）、可用的 Excel 插件，并辅以阅读可视化的设计类教程，了解一些提升可视化美观度、专业性的方法。这样，小 A 就能够提升自己用 Excel 作图的品质，并解决日常的大部分需求。其次，如果有意愿学习设计工具，可以学习 AI 等工具，进一步提升图表的设计感。最后，由于只是偶尔需要做复杂图表，小 A 可以了解一些好用的在线工具（如 Rawgraphs、花火等），通过选择模板、定制样式，即可满足需求。

例子二：小 B 是一名设计师，有平面设计功底和较强的审美能力，比较天马行空，喜欢艺术性强的可视化。现在，她想实现网页端的可视化效果，实现交互功能，但是对编程有点畏惧，不知道学什么工具更好。

小 B 的场景中，设计是关键词。她的需求是希望做出放在网页端的、可交互的可视化。基于这个需求，可以选择的工具类型主要有编程类工具，或者能够导出网页的在线工具。由于小 B 的个人性格偏于感性，且没有编程基础，系统性学习前端编程可能难度较大。因此，为实现小 B 的需求，比较容易的路径是先学习一些好操作的在线工具（如 Flourish），通过上传数据、配置设计参数，导出网页代码。如果小 B 最终决定学习编程，鉴于她偏好艺术性强的可视化，比较建议优先学习 Processing，从一些实例开始看起，再慢慢进行自己的创作。

例子三：小 C 是一名前端程序员，目前有一个数据可视化开发项目，要求实现比较酷炫的可视化效果，比如动画、转场、粒子、3D 等。他在想，使用什么工具能达到这个目的呢？

小 C 的需求非常明确，即通过前端开发实现比较复杂的可视化设计效果。因此，他的痛点在于选择能实现这一需求的前端库。由于"酷炫"的可视化往往是比较复杂、个性化的，一般的封装得比较模板化的库难以达到需求，因而，小 C 比较适合借助

D3.js 这样的库去进行可视化定制，例如生成有创意的、独特的数据映射，制作动画过渡效果等。同时，如果需要制作 3D 场景，还可以借助 Three.js 这样的库来渲染立体感。当然，鉴于"酷炫"是一种整体的设计感，小 C 最好还需要了解一些设计方面的知识，例如怎样的配色、形状等有助于营造这种感觉。

综上所述，由于可视化工具数量多、类型多、跨领域特征突出，我们在选择工具时需要形成一套自己的判断逻辑，包括可视化的发布需求、如何优化自己的工作流、自身的兴趣和能力，以及新工具的学习成本等。虽然有些工具看上去似乎更"高级"，但归根到底，工具只是我们解决问题的手段。如何使用工具来帮助我们解决问题，才是最终目的。因此，只有选择最适合自身能力和需求的工具，并形成最合理的工具搭配与组合，才能够让我们制作可视化的过程更加得心应手。

需要提醒的是，我们所处的，既是一个工具快速爆发的时代，也是一个工具快速没落的时代。技术和产品快速地更新换代，带来的必然是激烈的竞争及旧产品的淘汰。很多 10 年前常见的可视化工具，如今已经不再维护，或在市场中不再风光。因此，很难说有什么工具，掌握之后就可以一劳永逸。对于我们这些数据可视化工具的用户来说，最重要的事情，与其说是学习某个工具，不如说是学习选择工具的逻辑，以及搭建高效工作流的逻辑。如此，即便面临变化，也能更加从容。

参考资料

[1]　Ren, D., Lee, B., & Brehmer, M. (2018). Charticulator: Interactive construction of bespoke chart layouts. IEEE transactions on visualization and computer graphics, 25(1), 789–799.

[2]　Data-driven guides: Supporting expressive design for information graphics. IEEE transactions on visualization and computer graphics, 23(1), 491–500.

[3]　Thompson, J. R., Liu, Z., & Stasko, J. (2021, May). Data animator: Authoring expressive animated data graphics. In Proceedings of the 2021 CHI Conference on Human Factors in Computing Systems (pp. 1–18).

[4]　Shi, D., Xu, X., Sun, F., Shi, Y., & Cao, N. (2020). Calliope: Automatic visual data story generation from a spreadsheet. IEEE Transactions on Visualization and Computer Graphics, 27(2), 453–463.

❹ 案例实战
从数据到可视化

在本章中，我们将通过 4 个真实的数据分析场景，体会从获取原始数据到绘制可视化图表的完整流程。在讲解这些案例时，我们会覆盖前文讲解过的大部分数据和图表类型，并使用尽量多样的工具来绘制这些图表。在选择工具时，我们遵循"性价比优先"的原则，优先介绍简单方便、门槛低、零代码的工具。而当涉及比较复杂、定制程度高的图表时，我们会使用到编程语言（如 D3.js、Python 等），并在下载文件中（www.broadview.com.cn/45045）提供完整代码及注解。

下面，笔者将 4 个案例所涉及的内容列出，方便读者查阅。

4.1 案例一：国际贸易

4.1.1 进出口总值增长情况如何

- 数据类型：时间变量
- 分析目的：刻画趋势并进行比较
- 图表类型：折线图、柱状图、排流图

4.1.2 最重要的贸易伙伴都是谁

- 数据类型：分类变量＋层级关系
- 分析目的：比较比例

- 图表类型：饼图、旭日图、打包圆形图、半圆面积图

4.1.3 出口、进口的货物都是什么

- 数据类型：分类变量＋层级关系
- 分析目的：比较比例
- 图表类型：旭日图、树图

4.1.4 哪些口岸最重要

- 数据类型：分类变量
- 分析目的：比较排名、查看分布
- 图表类型：柱状图、箱线图

4.2　案例二：大气污染

4.2.1　上海市的大气污染变化情况

- 数据类型：时间变量
- 分析目的：查看趋势
- 图表类型：折线图、径向折线图

4.2.2　污染和风力有关系吗

- 数据类型：连续变量
- 分析目的：分析相关性
- 图表类型：散点图

4.2.3　污染还和哪些天气指标有关系

- 数据类型：连续变量
- 分析目的：分析相关性
- 图表类型：矩阵散点图

4.2.4　城市 GDP 和人口与污染程度有关系吗

- 数据类型：连续变量
- 分析目的：分析相关性
- 图表类型：气泡图

4.3　案例三：企业概况

4.3.1　公司的发展历程是什么

- 数据类型：时间变量
- 分析目的：查看发展进程
- 图表类型：时间线

4.3.2　公司的组织架构如何

- 数据类型：层级关系
- 分析目的：查看业务构成
- 图表类型：树状图

4.3.3　公司的财务状况如何

- 数据类型：多维度变量
- 分析目的：从多方面评估一个公司的盈利能力
- 图表类型：雷达图

4.3.4　公司的实际控制人是谁

- 数据类型：关联关系
- 分析目的：查看关系网及持股关系
- 图表类型：关系图

4.4　案例四：歌词文本

4.4.1　周杰伦在唱什么

- 数据类型：文本数据
- 分析目的：比较词频
- 图表类型：文字云、圆面积图

4.4.2　周杰伦真的很爱唱"离开"吗

- 数据类型：多维度变量
- 分析目的：比较不同歌手的词汇使用习惯
- 图表类型：平行坐标系

4.4.3　哪首歌最积极，哪首歌最消极

- 数据类型：连续变量
- 分析目的：查看情感分布
- 图表类型：蜂群图

4.4.4　越消极的歌会更长吗

- 数据类型：连续变量
- 分析目的：分析相关性
- 图表类型：散点图

4.1 案例一：国际贸易

自 2001 年我国加入 WTO 以来，对外贸易成为我国经济的重要组成部分。从世界各国进口必需的生产资料，并将本国生产的商品出口到国外，为我国的经济发展注入了强劲活力。那么，我国的进出口贸易究竟是如何增长的？中国又在和世界各国交易着哪些商品呢？

为了回答这些问题，我们使用来自中华人民共和国海关总署的统计数据，其官方网站会每月更新我国的进出口情况，数据字段包括进出口商品总值、商品构成、商品国别等，形式为 Excel 表单。

4.1.1 进出口总值增长情况如何

拿到这份数据后，我们首先想了解我国的总体进出口情况。表 4.1.1 所示为我们拿到的原始数据表（显示前 10 行）。其中，进出口总值等于出口值加进口值。

表 4.1.1　1981—2019 年的进、出口值（单位：亿元人民币）

年　　度	进 出 口	出　　口	进　　口
1981	735	368	368
1982	771	414	358
1983	860	438	422
1984	1,201	581	620
1985	2,067	809	1,258
1986	2,580	1,082	1,498
1987	3,084	1,470	1,614
1988	3,822	1,767	2,055
1989	4,156	1,956	2,200
1990	5,560	2,986	2,574
……	……	……	……

通过这份数据，我们想回答以下两个具体问题。

（1）进出口总值是如何随时间变化的？

（2）进口值多还是出口值多？

换句话说，我们的目的是"趋势 + 比较"。

一个很容易被想到的解题方法就是折线图。在 Excel 中，我们可以很容易地画出进口值和出口值的增长折线（选择"数据→插入→折线图"命令），如图 4.1.1 所示。

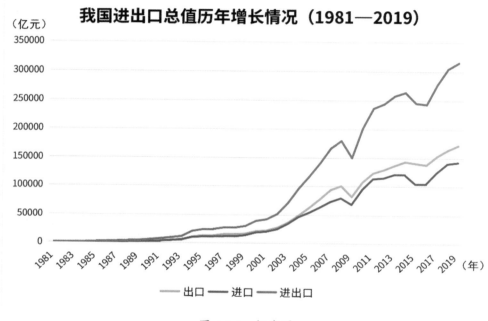

图 4.1.1　折线图

但是仔细看看，这张折线图也存在一些问题。

第一，由于进出口总值等于进口值加出口值，3 条折线并不是互相独立的。但是，人们在阅读折线图时，会倾向于认为 3 条线是并列关系，有可能引起误解。

第二，为"进出口总值"单独画一条线，在设计上也显得有些冗余。

为了解决这些问题，我们可以转而尝试堆叠柱状图（Excel 中称为"堆积柱形图"）的方法（选择"数据→插入→堆积柱形图"命令），这样柱子堆叠起来的高度实际上就是进出口总值了，由此解决了数据冗余的问题（见图 4.1.2）。

图 4.1.2　堆叠柱状图

　　通过使用堆叠柱状图，我们可以更简单地观察到进出口总值的趋势变化。但是，堆叠柱状图也存在不尽如人意之处。比如，如图 4.1.2 所示，我们很难比较进口和出口的差值，看不出是进口值多还是出口值多。

　　为了加强数据之间的对比，我们可以使用分组柱状图（Excel 中称为"簇状柱形图"）（选择"数据→插入→簇状柱形图"命令）。通过把出口值和进口值放在同一水平线上，就可以清晰地观察到出口值和进口值的差异（见图 4.1.3）。

　　结果显示，在绝大部分年份，我国的出口值都大于进口值，并且在特定的年份（如2015、2016 年），出口值比进口值高出许多，贸易顺差明显。可见，分组柱状图的优势在于两组数据的精确比较。不过，这张图的弊端也比较明显：横向排列的元素很多，空间利用率比较低。

　　如果我们非常关心出口和进口的相对关系，也可以采用 100% 堆叠柱状图（Excel 中称为"百分比堆积柱形图"）（选择"数据→插入→百分比堆积柱形图"命令）。这种可视化不比较数据的绝对值，而是比较数据的构成。从图 4.1.4 中可以看出，我国的出口值总体大于进口值，但在个别年份（如 1986 年），进口值大于出口值。这种可视化擅长反映数据里此消彼长的关系（相对值），但是显然，它又无法显示数据的绝对值变化。

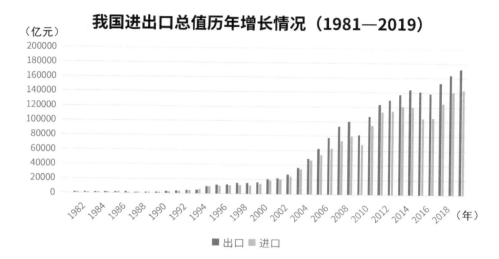

图 4.1.3　分组柱状图

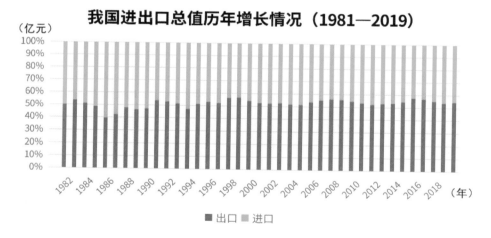

图 4.1.4　百分比堆叠柱状图

可以发现，以上几种基础统计图只能展示数据的一个侧面。如果我们既想了解进出口的绝对值变化，又想展现出口值和进口值之间的相对关系，有没有更好的选择呢？进一步地，这个问题可以被转化为，什么可视化既可以展现"趋势"，又方便"比较"呢？根据第 2 章的知识，排序河流图似乎是一个不错的选择，这种可视化既可以显示时间演变，又可以展示排名变化。

我们使用在线工具 Rawgraphs 来绘制排序河流图。首先，把原始数据转化为如表 4.1.2 所示的格式。

表 4.1.2 1981—2019 年的进、出口值（单位：亿元人民币）

年　度	进出口类型	数　额
1981	出口	368
1981	进口	368
1982	出口	414
1982	进口	358
1983	出口	438
1983	进口	422
1984	出口	581
1984	进口	620
1985	出口	809
1985	进口	1,258
……	……	……

然后，打开 Rawgraphs，将上述数据粘贴到该网站上。选择 Bumpchart，进行数据配置。其中，X 轴（X Axis）对应的是时间变量，即"年度"；河流的支流（Streams）对应的是分类变量，即"进出口类型"；每个支流的大小（Size）对应的是连续型变量，即"数额"，如图 4.1.5 所示。我们把这 3 个变量拖入相应的方框中，即可得到一个排序流图。

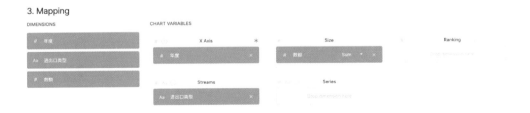

图 4.1.5 Rawgraphs 的数据配置栏

图 4.1.6 所示为默认的生成结果。可以看到，这张图从功能上较好地满足了以下两点。

数额

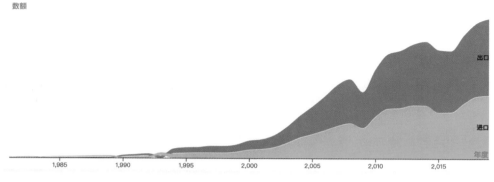

图 4.1.6　排序流图生成结果

第一，它反映了进出口总值总体的变化，我们非常直观地感受到了自 1981 年以来，我国对外贸易的迅速发展。而发展势头最猛的时候是 2000 年以后。除了两次小幅的回落（2008 年金融危机，2015 年世界经济低迷），我国进出口总值一直保持增长。

第二，它反映了进口值和出口值的相对关系。在大部分时间里，我国都是出口值大于进口值（出口值位于进口值上方），只在 20 世纪 80 ～ 20 世纪 90 年代，进口值超过了出口值两次（出口值位于进口值下方）。因此，总体来说，在以上几种可视化效果中，我们认为排序流图最高效、直接地回答了我们关心的问题。

之后，我们还可以继续对这张图表进行配置，如图片的长宽、是否显示图例等。其中两个比较重要的配置项，第一个配置项是河流的边缘柔化方法（选择"Chart → Curves interpolation"命令），不同的选项会导致边缘的样式不同，但不会对可视化的本质产生影响，图 4.1.7 中我们选择了"Basis"选项（基础），边缘看起来比较柔和。第二个配置项是河流的对齐方法（选择"Chart → Streams vertical alignment"命令），默认值为"None"（无）。我们可以将其切换为 Silhouette 或者 Wiggle，则河流会垂直居中对齐，更给人一种河流不断扩展壮大的感觉。

在 Rawgraphs 中，你可以以多种格式下载该图表。如果你对生成的图表已经很满意，那么可以下载 .jpg 或 .png 图片。如果你还想继续在设计软件中编辑、美化该图表，那么推荐下载 .svg 格式，这种格式会把图表保存为矢量格式。在本案例中，笔者在下载完 .svg 的文件后，在 Adobe illustrator 中对图表进行了进一步美化，包括添加标题、数据来源、注释、调整字体等，最终效果如图 4.1.8 所示。对于不想使用设计软件的用户而言，也可以将 .svg 文件导入 PowerPoint 中进行编辑加工。

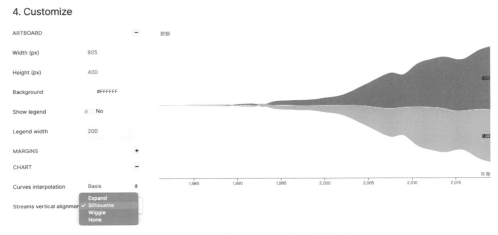

图 4.1.7 排序流图，垂直居中布局

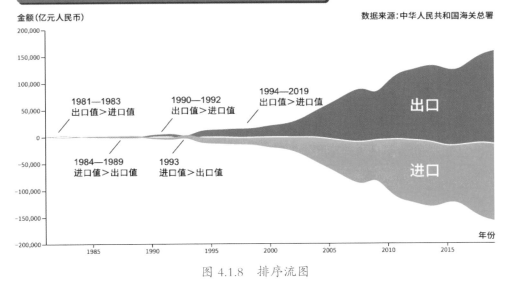

图 4.1.8 排序流图

4.1.2　最重要的贸易伙伴都是谁

接着，我们想知道，在中国大陆的对外贸易中，最重要的贸易伙伴都是哪些国家/地区。在中国海关总署网站下载的原始数据如表 4.1.3 所示（显示前 10 行）。

表 4.1.3　2019 年中国大陆出口/进口值，按国家/地区分（单位：万元人民币）

贸易对象	进出口	出　口	进　口
总值	3,155,047,544	1,723,423,422	1,431,624,122
亚洲	1,631,839,739	841,647,652	790,192,088
阿富汗	434,599	414,206	20,393
巴林	1,152,993	1,017,685	135,308
孟加拉国	12,653,471	11,939,847	713,624
不丹	7,570	7,538	32
文莱	760,367	448,077	312,290
缅甸	12,890,744	8,490,072	4,400,672
柬埔寨	6,498,884	5,504,534	994,349
塞浦路斯	439,249	401,097	38,152
……	……	……	……

首先，我们需要对数据进行简单处理，因为目前的每一行数据之间并不是相互独立的。例如，"亚洲"一行的数据，实际上等于所有亚洲国家/地区的数据之和；"总值"一行的数据，实际上等于所有大洲的数据之和。经过处理之后的数据如表 4.1.4 所示（显示前 10 行）。这样，每一行数据都是一个独立的国家/地区，并且标明了该国家/地区属于的大洲。

表 4.1.4　2019 年中国大陆出口/进口值，按国家/地区分（单位：万元人民币）

贸易对象	地　区	进出口	出　口	进　口
美国	北美洲	373,185,175	28,864,7563	8,453,7611
日本	亚洲	217,119,088	98,746,880	118,372,208
中国香港	亚洲	198,685,466	192,425,765	6,259,701
韩国	亚洲	196,082,225	76,482,232	119,599,993
中国台湾	亚洲	157,325,910	37,986,564	119,339,346
德国	欧洲	127,414,065	54,994,430	72,419,635

续表

贸易对象	地　区	进出口	出　口	进　口
澳大利亚	大洋洲	116,892,996	33,276,059	83,616,937
越南	亚洲	111,829,880	67,498,621	44,331,258
巴西	拉丁美洲	79,540,221	24,530,265	55,009,956
俄罗斯联邦	欧洲	76,413,949	34,337,033	42,076,916
……	……	……	……	……

通过这份数据，我们希望知道哪些国家/地区对中国大陆来说更重要。这可以被处理为一个"占比"的问题，即假如所有与中国大陆贸易的国家/地区构成了中国大陆进出口总值的 100%，那么哪些国家/地区分的蛋糕更多？很自然地，我们可能会想到用饼图来进行可视化。在 Excel 中，笔者将上述表格中的数据，按照"进出口"从大到小排序，再选取前 10 名生成饼图（选择"数据→插入→饼图"命令），结果如图 4.1.9 所示。

2019年与中国大陆贸易额最高的10个国家/地区

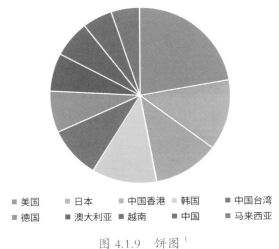

■ 美国　　■ 日本　　■ 中国香港　■ 韩国　　■ 中国台湾
■ 德国　　■ 澳大利亚　■ 越南　　■ 中国　　■ 马来西亚

图 4.1.9　饼图[1]

可以发现，除了美国的比重相对显眼外，其他国家/地区的占比比较难以分辨。此外，目前我们仅仅绘制了 10 个国家/地区，饼图就已经显得比较烦琐，而我们的

---

1 图中的"中国"：我国海关规定，在无实际进出境的情况下（如非保税区运入保税区和保税区退仓、保税仓库转内销等），报关单上的起运国（地区）/运抵国（地区）填写为"中国"。本节中图 4.1.9、图 4.1.11、图 4.1.13 ～图 4.1.15 均为此种情况

数据集中一共有240个国家/地区，如果都画进饼图中，可以想象会有多么混乱。再者，饼图无法显示各个国家/地区属于哪个大洲，因此展示信息的效率也比较低。用户只能一个一个辨认扇形所代表的对象，而无法一眼看出哪些区域最重要。

由于是一个占比问题，加之数据之间存在层次关系，因此我们可以选用旭日图。要绘制旭日图，依然可以使用 Rawgraphs。首先，将表格数据粘贴到网站上。然后选择 Sunburst Diagram，进行数据配置。配置数据时，最重要的一项是数据的层级（Hierachy），即哪个变量是父节点、哪个变量是子节点。例如，在本案例中，父节点变量是大洲（包括亚洲、欧洲、非洲、北美洲、拉丁美洲、大洋洲），子节点是240个贸易对象。每一个子节点都从属于一个父节点。因此，在配置层级（Hierachy）时，我们应首先拖入父节点（"地区"），接着拖入子节点（"贸易对象"），从而建立它们的父子关系。此外，在旭日图中，每个扇形的大小（Size），由"进出口"字段决定。我们也可以把"地区"字段拖入颜色栏（Color），这样每个大洲会用不同的颜色表示。同时把"贸易对象"拖入标签栏（Label），即把每个贸易对象的名字在图上显示出来（见图4.1.10）。

图 4.1.10　Rawgraphs 的数据配置栏

按照以上流程配置完毕之后，就可以得到一个如图4.1.11（上）所示的旭日图。很明显，按大洲分，中国大陆最大的贸易伙伴是亚洲，大约占了所有进出口额的一半，其次是欧洲和北美洲。而在每个大洲内部，我们又可以轻松地找到最重要的贸易伙伴。例如，中国大陆在亚洲最重要的进出口对象是日本、中国香港、韩国和中国台湾。美国是中国大陆在北美洲最重要的贸易对象。尽管北美洲的进出口总额不及亚洲，但美国与中国大陆的贸易量超过了任何一个亚洲的国家/地区，其地位举足轻重。

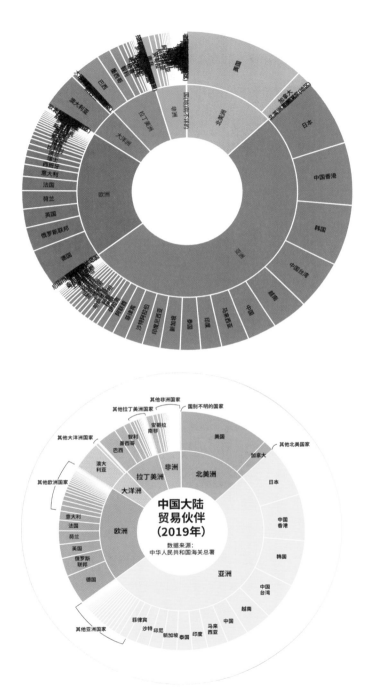

图 4.1.11 旭日图。上方：生成结果。下方：美化后结果

与 4.1.1 节案例相同，我们可以在 Rawgraphs 网站上对图表的设计进行配置，也可以将其下载下来自行编辑。如图 4.1.11（下）所示为笔者进行美化后的结果。

第一，在颜色上进行了调整，每个大洲的选色参考了奥运五环的配色（如欧洲是蓝色、亚洲是黄色）。

第二，对繁杂的文字标签进行了重新编辑，只留下占比较大的国家 / 地区，并且把文字方向全部统一为水平朝向，更方便阅读。

第三，利用旭日图中空的特点，在中心处添加标题。

根据第 2 章的知识，"关系 + 占比"还可以用打包圆形图来实现。

步骤与旭日图几乎相同。首先，在 Rawgraphs 中载入数据，选择 Circle Packing。接着，与 4.1.1 节的案例相同，配置好数据的层级（Hierachy）、大小（Size）、颜色（Color）和标签（Label），如图 4.1.12 所示。

图 4.1.12　Rawgraphs 的数据配置栏

之后，你会得到一个打包圆形图，如图 4.1.13（上）所示。其功效几乎可以和旭日图等同——能够看出最重要的大洲，也能找出每个大洲里最重要的国家。相比旭日图，打包圆形图不存在倾斜的标签，因此观看的舒适度更胜一筹。类似地，我们可以用设计工具对齐进行美化，去除冗余的标签，突出核心信息，如图 4.1.13（下）所示。

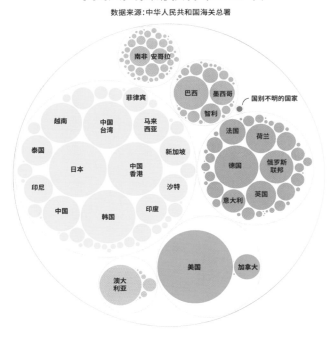

图 4.1.13　打包圆形图。上：生成结果。下：美化后结果

　　可以看到，从设计上讲，打包圆形图因为不存在辐射形的形状，因此相比旭日图阅读起来会更轻松一些，文字标签也不存在倾斜的问题。但是它的缺点在于空间利用率较低，不如旭日图紧凑。同时，圆面积不好进行精确比较（比如，在图 4.1.13 中，印度和泰国哪个更大，难以判别），而如果在每个圆上标记数值，又会加剧视觉负担。因此，读者应根据自己的情况决策最优的可视化选择。

　　至此，我们通过比较中国大陆与各个贸易地的进出口贸易额，基本上回答了"谁是中国大陆最重要的贸易伙伴"的问题。

　　当然，这一问题还有进一步深究的空间。因为将进口额和出口额加总在一起，其实忽略了进口和出口的差别。在实际的经济往来中，进口往往意味着中国大陆对其他国家 / 地区的产品存在依赖性，而出口则往往意味该国家 / 地区是中国大陆商品的购买者。因此，在呈现数据时，更严谨的方式是把出口和进口分开来看。于是，要想展示中国大陆从哪些国家 / 地区进口最多、又向哪些国家 / 地区出口最多，应该如何可视化呢？

　　最直接的方法是将上述图表做两遍，一个用来展现出口数据，一个用来展现进口数据。这样做的好处是操作简单快捷，但弊端在于读者需要在两个图之间来回比较，对注意力的要求比较高。有没有办法把这些信息都浓缩到一张图上呢？

　　我们可以尝试对打包圆形图进行进一步改造。在上面的打包圆形图中，每一个圆都代表了一个贸易地与中国大陆的进出口总值。我们可以把每个圆内部再拆分为出口额和进口额，就完成了新一层信息的嵌套。从形式上讲，相当于用打包圆形图再嵌套一层饼图。这种可视化比较复杂，因此使用 D3.js 来绘制。使用到的 D3 版本（v6）除了支持饼图的绘制，还可以使用函数 d3.pack() 绘制打包圆形图。嵌套的原理，首先是根据数据生成打包圆形图。接着，读取生成的每一个圆形的半径，并在其内部绘制饼图。最终结果如图 4.1.14 所示。

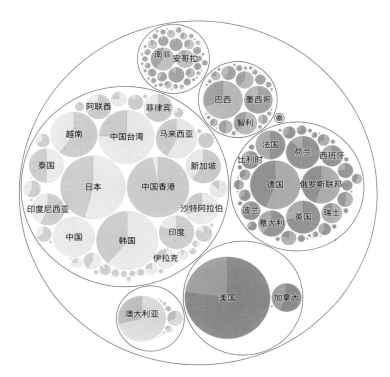

图 4.1.14 打包圆形图嵌套饼图

　　每个大洲的国家/地区依然用不同的颜色展示，圆形内部则叠加了一个黑白色的饼图，不透明度为 10%。其中，深色部分表示出口额占比，浅色部分表示进口额占比。可以发现，中国大陆与美国的贸易结构中，出口额占很大比重。类似地，中国大陆对其出口额＞进口额的国家/地区还有中国香港、越南、荷兰等。同时，还有一些国家/地区的浅色部分大于深色，如日本、韩国、德国、澳大利亚等，这说明中国大陆从这些地区的进口额大于出口额。在 D3 中，我们还可以为图表添加交互，例如，在鼠标光标悬停时显示详细数据信息。这可以很好地解决目前数据标签显示不全的问题，方便读者对数据集进行深入探索。详细代码如下。

```
<!DOCTYPE html>

<head>
    <meta charset="utf-8">
    <script src="https://d3js.org/d3.v6.min.js"></script>
    <script src="https://d3js.org/d3-array.v2.min.js"></script>
</head>
```

```
<body>
    <script>
                # 需要将原始数据先转换成 JSON 格式
                # 由于书本页面有限，Data 部分省略了部分代码，请于下载资料中获得完
整版本。
        data = ({
        "name"："Trade Value"，
        "children" : [{
            "name"："亚洲"，
            "children" : [{
                "name"："日本"，
                "value" : 217119088，
                "export" : 98746880，
                "import" : 118372208
            }, {
                "name"："中国香港"，
                "value" : 198685466，
                "export" : 192425765，
                "import" : 6259701
            }, {…
            }
            ]}, {
            "name"："欧洲"，
            "children" : [{
                "name"："德国"，
                "value" : 127414065，
                "export" : 54994430，
                "import" : 72419635
            }, {
                "name"："俄罗斯联邦"，
                "value" : 76413949，
                "export" : 34337033，
                "import" : 42076916
            }, {…
            },
                        ]}, {
            "name"："北美洲"，
            "children" : [{
                "name"："美国"，
                "value" : 373185175，
                "export" : 288647563，
                "import" : 84537611
            }, {…
            },
        ]}, {
```

```
        "name" : "国（地）别不详的",
        "children" : [{
            "name" : "国（地）别不详的",
            "value" : 2362571,
            "export" : 6516,
            "import" : 2356056
        }, ]
    }, {
        "name" : "拉丁美洲",
        "children" : [{
            "name" : "巴西",
            "value" : 79540221,
            "export" : 24530265,
            "import" : 55009956
        }, {…
        },
    ]}, {
        "name" : "非洲",
        "children" : [{
            "name" : "南非《,
            "value" : 29247336,
            "export" : 11405206,
            "import" : 17842130
        }, { …
        },
    ]}, {
        "name" : "大洋洲",
        "children" : [{
            "name" : "澳大利亚《,
            "value" : 116892996,
            "export" : 33276059,
            "import" : 83616937
        }, {…
        },
        ]
    }]
})
        #绘制打包圆形图
pack = data => d3.pack()
    .size([width - 2, height - 2])
    .padding(3)
    (d3.hierarchy(data)
        .sum(d => d.value)
        .sort((a, b) => b.value - a.value))


const width = 675;
```

```
        const height = width;

        const root = pack(data);
        const svg = d3.select("body")
            .append("svg")
            .attr("title", "Packed circle chart")
            .attr("width", width)
            .attr("height", height)
            .style("font", "400 16px/1.4'Source Sans Pro', 'Noto
Sans', sans-serif")
            .attr("text-anchor", "middle");

        const node = svg.selectAll("g")
            .data(d3.group(root.descendants(), d => d.height))
            .join("g")
            .selectAll("g")
            .data(d => d[1])
            .join("g")
            .attr("transform", d => `translate(${d.x + 1},${d.y + 1})`);

        #绘制圆形, 子节点根据大洲填色, 父节点为白色
        node.append("circle")
            .attr("r", d => d.r)
            .attr("fill", function(d) {
                if (d.ancestors().length > 1) {
                    if (d.ancestors()[1].data.name == "亚洲") {
                        return "#fce260"
                    } else if (d.ancestors()[1].data.name == "欧洲") {
                        return "#68a5ec"
                    } else if (d.ancestors()[1].data.name == "非洲") {
                        return "#a7adc4"
                    } else if (d.ancestors()[1].data.name == "大洋洲") {
                        return "#b8e986"
                    } else if (d.ancestors()[1].data.name == "北美洲") {
                        return "#ee5a6d"
                    } else if (d.ancestors()[1].data.name == "拉丁美洲") {
                        return "#c195e9"
                    } else if (d.ancestors()[1].data.name == "国(地)别
不详的") {

                        return "#606060"
                    } else {
                        return "white";
                    }
                } else {
                    return "white";
                }
```

```
            })
            .attr("stroke", function(d) {
                if (d.ancestors().length < 3) {
                    return "black"
                }
            })
```

找到所有子节点
```
const leaf = node.filter(d => !d.children);
```

绘制饼图
```
    var arc = d3.arc().innerRadius(0)
    var pie = d3.pie();
    var color = d3.scaleOrdinal().range(["black","white"])

    leaf.selectAll("g.arc")
        .data(function(d) {
            value_list = []
            value_list.push(d.data.export)
            value_list.push(d.data.import)
                // debugger;
            return pie(value_list).map(function(m) {
                m.r = d.r;
                return m;
            });
        })
        .enter()
        .append("g")
        .attr("class","arc")
        .append("path")
        .attr("d", function(d) {
            arc.outerRadius(d.r);
            return arc(d);
        })
        .style("opacity", 0.1)
        .style("fill", function(d, i) {
            return color(i);
        })
        .style("stroke","black");

            # 对所有半径大于 17 的子节点添加文字标签
    leaf.append("text")
        .attr("display", d => d.r < 17 ?'none':'inherit')
        .selectAll("tspan")
        .data(d => d.data.name.split(/(?=[A-Z][a-z])|\s+/g))
        .join("tspan")
```

```
                    .attr("x", 0)
                    .attr("y", (d, i, nodes) => `${i - nodes.length / 2 + 0.8}em`)
                    .attr("fill","black")
                    .text(d => d)
                    .clone(true)
                    .lower()
                    .attr("aria-hidden","true")
                    .attr("fill","none")
                    .attr("stroke","#FAEBF0")
                    .attr("stroke-width", 2)
                    .attr("stroke-linecap","round")
                    .attr("stroke-linejoin","round");
        </script>
</body>
```

值得一提的是，在很多场景下，人们使用打包圆形图也是看重其设计上的审美性。众多的圆形错落放置在一起，给人一种有机感和平衡感。但有时候，追求设计上的美感并不一定是可视化的核心诉求——人们可能需要更清晰、严肃、规整地展示数据。在这种情况下，我们可以保留打包圆形图的核心精神（即用面积来呈现数值大小），同时改变数据的设计手法，考虑将可视化元素按规则的方式排列。

最终效果如图 4.1.15 所示。每个大洲的国家 / 地区都单独排为一行。同时，每一行里的数据按大小从左到右排列。每个贸易地的出口和进口数值分别用两个半圆表示，圆面积与贸易额成正比。从图 4.1.15 中，我们也可以清晰地看到，美国是我国商品的重要购买者。非洲国家如贝宁、埃及、坦桑尼亚也是我国的重要出口对象。中国制造的工业品、服装、器械等，被这些国家大量地购买。与之相反，我国在一些地方的进口额远远大于出口额。这些地区包括瑞士、蒙古、中国台湾等。比如，我国从瑞士进口大量的贵金属、光学、钟表、医疗设备等，从蒙古进口大量的炼焦煤等。

总之，相比最初的可视化设计，将出口额和进口额分开展示，又为我们的数据分析提供了更进一步的信息。

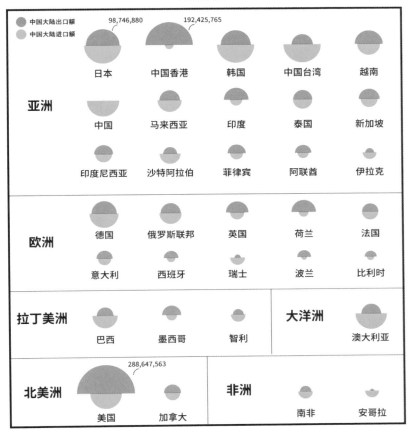

中国大陆与贸易伙伴的进出口总值（2019年）

数据来源: 中华人民共和国海关总署
单位:万元人民币

图 4.1.15 半圆面积图

要绘制这种图形，笔者在这里提供两种方式。第一种是使用 Python 的 matplotlib 库。在 matplotlib 中，半圆面积图可以被等同于绘制径向柱状图（即将柱状图投射到扇形上），因此会用到柱状图的绘制方法。同时，我们希望为所有国家 / 地区同时生成图表，并将这些图表按大洲排列，而不是逐一绘制。为此，还需要用到一个 matplotlib 的 subplots 功能。详细代码如下。

```
# 首先引入需要用到的库
import pandas as pd
import numpy as np
```

```
import matplotlib.pyplot as plt

# 读取 Excel 文件，抽取我们会用到的 4 列数据
df_raw = pd.read_excel(" 2019 年 12 月进出口商品国别（地区）总值表（人民
币）.xlsx",sheet_name=" Sheet2")
df = df_raw[[' 贸易对象', ' 地区', ' 出口', ' 进口']]

districts = [' 亚洲', ' 北美洲', ' 拉丁美洲', ' 大洋洲', ' 非洲', ' 欧洲']

# 遍历 6 个大洲，按照大洲顺序逐个画图
for i in range(0,len(districts)):
        # 先在数据表中找出属于该大洲的数据
        df_district = df[df[' 地区']==districts[i]]
        # 打印大洲名字，以及前五名国家 / 地区名
        print(districts[i]," Top 5:", list(df_district[' 贸易对象'])
        [0],list(df_  district[' 贸易对象'])[1],
        list(df_district[' 贸易对象'])[2],
        list(df_district[' 贸易对象'])[3],
        list(df_district[' 贸易对象'])[4])


# 生成一个 1 行 5 列的网格，数据按径向映射，并设置画布尺寸
fig, axes = plt.subplots(nrows=1, ncols=5,subplot_kw={' projection':' polar'})
fig.set_size_inches(10, 2)

# 遍历每个大洲前 5 名的国家 / 地区，逐个绘制图表，并填入网格中
for j in range(0, 5):
# 获得每个国家 / 地区的进出口数据。注意，Python 是按半径绘制圆形。如果直接把进出口数
据作为半径，那么画出来的圆面积会翻倍。因而，此处需要把数值开方
        name = list(df_district[' 贸易对象'])[j]
        exports = np.sqrt(list(df_district[' 出口'])[j])
        imports = np.sqrt(list(df_district[' 进口'])[j])
        data = [exports, imports]
        N = len(data)
        # 设置参数，让半圆上下排列
        theta = np.linspace(np.pi/2, 2.5 * np.pi, N, endpoint=False)
        radii = data
        width = 2 * np.pi / N
          # 绘制径向柱状图（半圆图）
        bars = axes[j].bar(theta, radii, width=width, bottom=0.0)
        axes[j].set(ylim=(0, 20000),yticks=[])
        axes[j].set(xticks=[])
        axes[j].spines[' polar'].set_color(' gray')

        count = 0
        for r, bar in zip(theta, bars):
            if count == 0:
                bar.set_facecolor(' #00a0e9')
```

```
        else:
            bar.set_facecolor(' #f39800')
        count = count + 1
plt.show()
```

输出效果如图 4.1.16 所示。

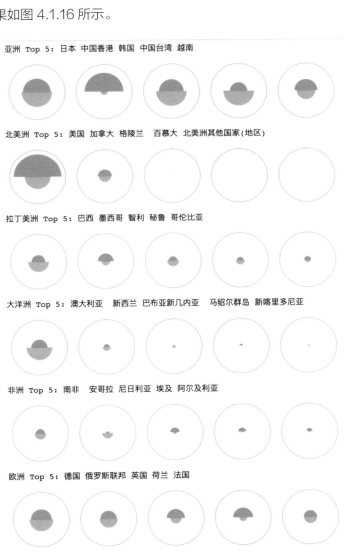

图 4.1.16 Python 中绘制的半圆面积图（每个大洲的前 5 名）

同样地，我们也可以在 Python 中将图表保存为 .svg 格式，之后进行设计上的调整。

习惯使用设计软件的读者，则可以采用第 2 种方式绘制半圆面积图。首先，打开 Adobe illustrator，在左边工具栏选择"图表工具→饼图工具"命令。然后沿垂直方向输入数据，即可生成一系列不同面积的圆形（见图 4.1.17）。注意，在生成圆面积时，illustrator 默认输入值为圆面积而不是半径，因此这里不需要对数据做开方。

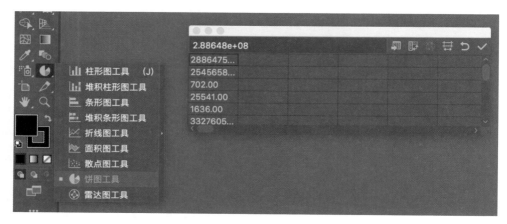

图 4.1.17　Adobe illustrator 画图界面

完成后，选定所有圆，单击"编辑→取消编组"命令，将这些圆形转换为可以编辑的矢量图形。为了防止混乱，可以先把代表出口的圆和代表进口的圆填充成不同颜色。然后，插入一根直线，穿过这些圆形的圆心。选中这根直线，单击"对象→路径→分割下方路径"命令，将圆形切割成两个半圆。接着，删除出口的下半圆、进口的上半圆，将代表出口和代表进口的半圆拼合在一起。最后，对图形进行对齐、排版，添加数据标签和标题等，即可完成。

总体而言，这种方法所需要的人工成本更高，且需要设计师仔细确认数据无误、标签正确，但其好处在于排版灵活，设计上的发挥空间更大。

4.1.3　出口、进口的货物都是什么

本节试图探究我国的出口和进口结构。海关总署官方网站上的数据显示，贸易商品可以被分为初级产品和工业制品两大类，每个大类下面又分为"类"和"章"两级。例如，初级产品的第一类是"食品及活动物"，"食品及活动物"里又分为"活动物""肉及肉制品"等。换言之，贸易商品内部存在三级分类，如表 4.1.5 所示。

表 4.1.5　2019 年我国出口 / 进口商品值，按商品构成分（单位：万元人民币）

商品构成	出　　口	进　　口
总值	1,723,423,422	1,431,624,122
一、初级产品	92,305,830	502,237,357
0 类 食品及活动物	44,843,172	55,676,623
00 章 活动物	351,965	343,209
01 章 肉及肉制品	1,800,430	12,951,279
……	……	……
二、工业制品	1,627,472,507	926,113,471
5 类 化学成品及有关产品	111,384,582	150,693,096
51 章 有机化学品	33,785,380	39,281,212
……	……	……

　　与 4.1.2 节相同，我们首先需要对上述表格进行转换，让每一行数据是独立平行的关系，如表 4.1.6 所示。

表 4.1.6　2019 年我国出口 / 进口商品值，按商品构成分（单位：万元人民币）

商品构成	商品大类	二级分类	出　　口	进　　口
00 章 活动物	初级产品	食品及活动物	351,965	343,209
01 章 肉及肉制品	初级产品	食品及活动物	1,800,430	12,951,279
02 章 乳品及蛋品	初级产品	食品及活动物	188,803	4,162,438
03 章 鱼、甲壳及软体类动物及其制品	初级产品	食品及活动物	13,745,065	10,867,233
04 章 谷物及其制品	初级产品	食品及活动物	1,599,766	4,424,291
05 章 蔬菜及水果	初级产品	食品及活动物	17,022,000	10,223,565
06 章 糖、糖制品及蜂蜜	初级产品	食品及活动物	1,647,271	1,199,643
07 章 咖啡、茶、可可、调味料及其制品	初级产品	食品及活动物	2,929,394	1,354,277
08 章 饲料（不包括未碾磨谷物）	初级产品	食品及活动物	1,935,822	3,121,051
09 章 杂项食品	初级产品	食品及活动物	3,622,656	7,029,639
……	……	……	……	……

　　因为这份数据的层次较多，所以我们直接使用旭日图进行可视化。首先要可视化的是出口数据。同样，先进入 Rawgraphs 里粘贴数据，然后选择 Sunburst Diagram 进行配置。配置数据层级（Hierachy）时，"商品大类"是"爷爷"节点，"二

级分类"是"父亲"节点,具体的"商品节点"是"儿子"节点。每个扇形的大小(Size)由"出口"字段决定。同时,我们希望按照爷爷节点,即"商品大类"着色,并显示所有商品的标签。配置栏如图 4.1.18 所示。最终,我们会获得一个 3 层的旭日图。

图 4.1.18　Rawgraphs 的数据配置栏

生成的默认图表,如图 4.1.19(上)所示,我们已经可以明显看到,我国出口的产品绝大部分是工业制品,尤其以机械及运输设备为主。不过,目前生成的结果还不太理想。

第一,目前的工业制品是橙色,初级产品是蓝色,颜色的意义不够强烈。由于初级产品比较容易联想到农业、土地,我们可以把它的颜色换成黄色系。而工业产品往往与机器联系在一起,更适合冷色调,因此我们将其调整为蓝色系。

第二,目前的颜色分配无法区分不同的二级分类。因此,我们可以用黄色的近似色来展示初级产品的子类,用蓝色的近似色来展示工业制品的子类。美化后的图表如图 4.1.19(下)所示。

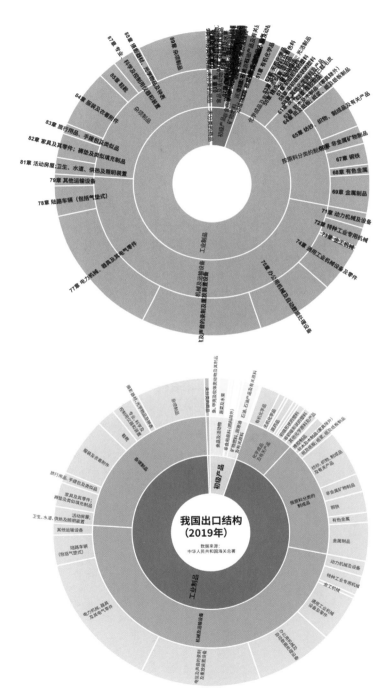

图 4.1.19 三级旭日图—出口结构。上：生成结果；下：美化结果

　　同样，针对进口数据，我们也用同样的方法生成旭日图，如图 4.1.20 所示。图表显示，在我国的进口商品中，初级产品占比较高，主要包括石油、天然气和金属矿砂。而进口的工业制品也主要是机械及运输设备。进口商品中还有一部分属于未分类的商品。

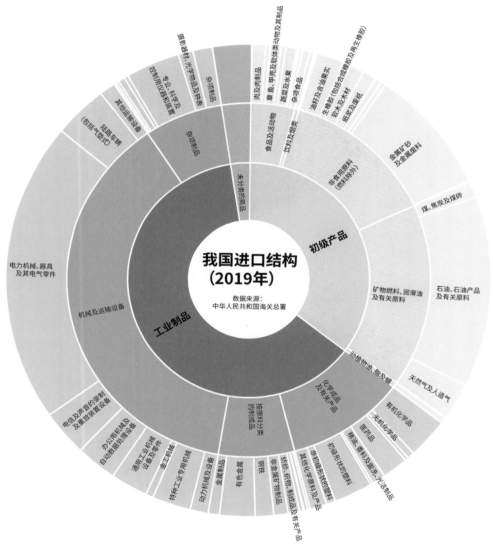

图 4.1.20　三级旭日图—进口结构

如果认为圆形的可视化图形不方便阅读，也可以使用树图进行可视化。与切割圆形不同，树图切割的是矩形，因此看上去也相对规整。要生成树图，我们只需在 Rawgraphs 里把图表类型切换为 Treemap 即可。

出口数据的最终结果如图 4.1.21 所示。

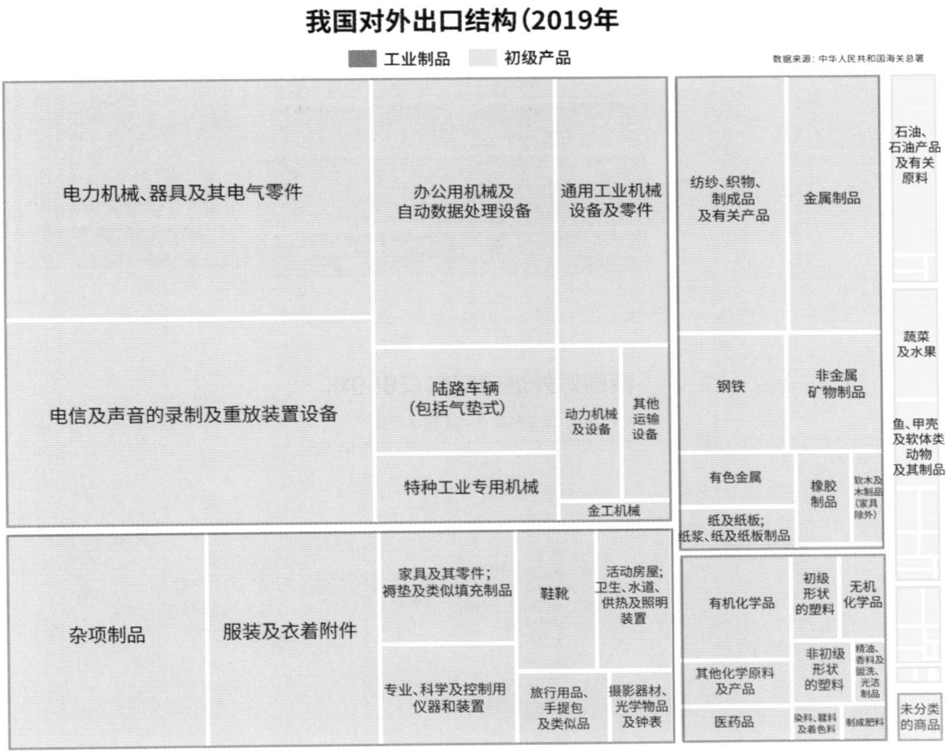

图 4.1.21　三级树图—出口结构

此外，生成树图后，你也可以在左侧的配置栏自定义布局的方式（选择"CHART → Tiling Method"命令）。比如，我们这次选择纵向切割（Slice and dice）的方式来可视化进口数据，如图 4.1.22 所示。

可以发现，更换切割方式之后，树图的形状也发生了变化。这种布局形式虽然比默认布局少了一些错落感，但是在展示排名方面更加清晰。经美化之后最终结果如图 4.1.23 所示。

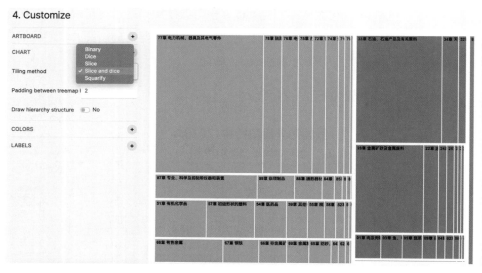

图 4.1.22　Rawgraphs 的数据配置栏

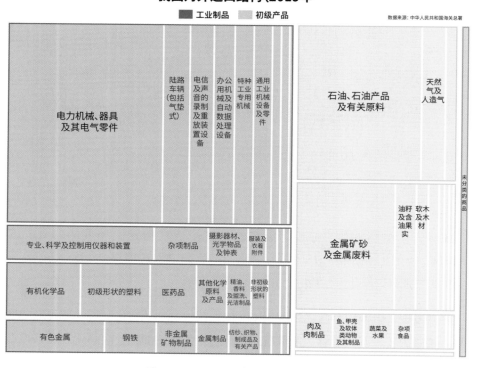

图 4.1.23　三级树图—进口结构

4.1.4 哪些口岸最重要

我们想知道中国大陆哪个 / 哪些口岸最重要。原始数据如表 4.1.7 所示。

表 4.1.7 进 / 出口总值，按关别分（单位：万元人民币）

关　　别	进 出 口	出　　口	进　　口
上海海关	634,640,238	372,410,067	262,230,171
深圳海关	499,423,451	321,507,556	177,915,894
南京海关	260,823,485	130,099,465	130,724,021
青岛海关	221,685,255	108,336,102	113,349,153
宁波海关	170,872,060	120,982,203	49,889,857
黄埔海关	158,809,976	75,767,480	83,042,495
天津海关	138,453,597	63,265,940	75,187,657
广州海关	126,330,083	77,383,495	48,946,588
厦门海关	92,636,755	62,342,963	30,293,792
杭州海关	87,032,383	48,538,738	38,493,645
……	……	……	……

很明显，这个问题的主要目的是"比较"，然后找出排名和极值。因此，我们首先在 Excel 中对"进出口"列进行排序，然后生成一张柱状图。由于关口的数目较多，水平排列可能产生挤压，我们可以选择横向的柱状图（选择数据，单击"插入→条形图"命令）。这种排版也比较适合展示在手机端，如图 4.1.24 所示。

从图 4.1.24 中，我们已经能够看出各个口岸的排名，上海海关排名第一，其次是深圳海关、南京海关、青岛海关和宁波海关。这已经基本能够回答"哪些口岸最重要"的问题。不过，只是分析排名还不足以证明这些口岸到底有多重要。比如，单是看青岛海关和宁波海关的数值，似乎差别并不大，我们应该如何评估它们的差异呢？为此，我们可以再引入对"分布"的分析，评估绝大部分数据落在哪个区间、哪些数据属于异常高或异常低。在本案例中，我们用箱线图来分析分布情况。

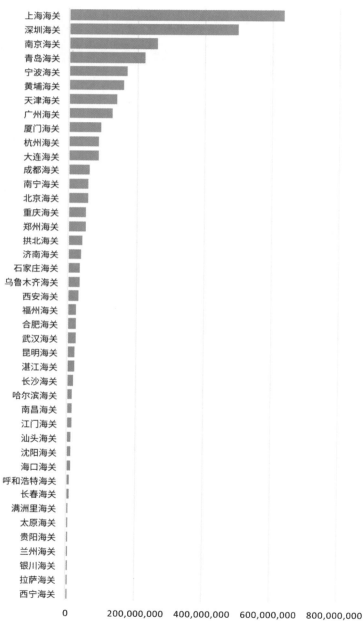

图 4.1.24　条形图

箱线图的制作工具有很多。首先，在高版本的 Excel 中，就有内置的箱线图工具（选择数据，单击"插入"命令，图表类型选择"箱形图"），如图 4.1.25 所示。

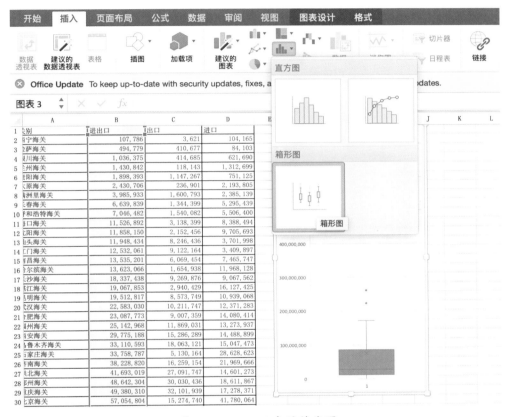

图 4.1.25　Excel 中的箱线图

另外，Rawgraphs 也可以绘制箱线图。将数据粘贴进入之后，选择"Box Plot"命令，然后配置数据，即可生成图表（见图 4.1.26）。此外，在图表配置项中，Rawgraphs 还支持更改箱形图的四分位数差（Interquartile range multiplier）。这个值一般默认为 1.5，在特殊情况下才需要修改。

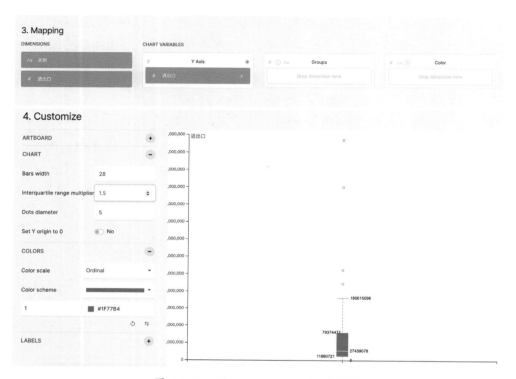

图 4.1.26 用 Rawgraphs 绘制箱线图

除此之外，还有许多在线工具也可以绘制箱线图。以下我们以镝数图表为例，向读者展示一下其他在线工具的使用方法。

进入镝数图表页面之后，选择"箱形图"，进入模板。在右侧单击"编辑数据"，将其替换为自己的数据，如图 4.1.27 所示。

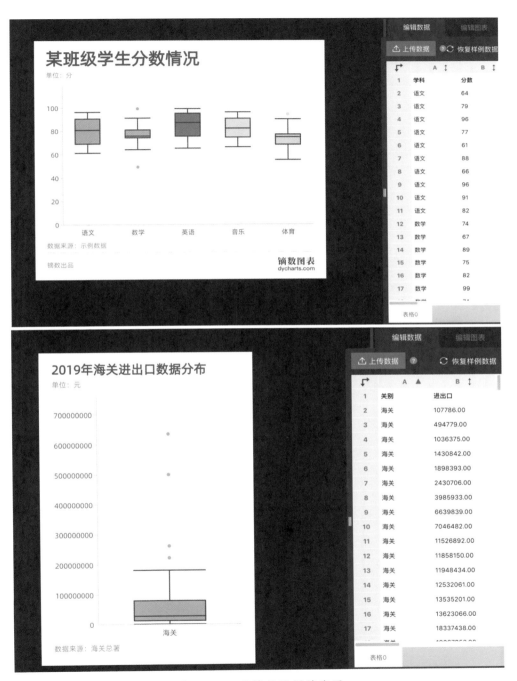

图 4.1.27 用镝数绘制箱线图

在右侧的"编辑图表"面板，你可以编辑画布的尺寸、图表的颜色、标题等。

从以上的箱线图我们可以看出，大部分口岸的进出口总额都分布在 2 亿元以下，只有 4 个口岸的数值在统计意义上显著高于其他口岸：上海海关、深圳海关、南京海关、青岛海关。同时，上海海关和深圳海关的优势尤其明显。由此，我们可以更确切地回答"哪些口岸最重要"的问题——上海海关和深圳海关处于绝对领先地位，同时南京海关和青岛海关的领先地位也较为显著，而排名第五的宁波海关则尚未步入"异常领先"的行列。

我们也可以在设计工具中对箱线图进行一下美化，将异常的几个海关重点标注出来，如图 4.1.28 所示。

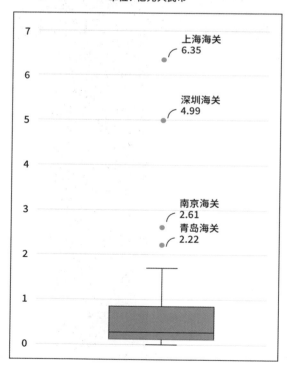

图 4.1.28 为箱线图添加注释

4.2　案例二：大气污染

空气质量，事关国民的生命健康和生活幸福感。自 2013 年国务院发布《大气污染防治行动计划》，即"大气十条"后，我国正式打响了"蓝天保卫战"，PM2.5 也成为一个家喻户晓的词汇。同时，与之伴随的，是各级政府、各大组织对污染数据的开放。那么，如何用数据更加客观地评估大气污染呢？本节中，我们主要以上海市为例，进行数据分析和可视化。上海市的大气污染数据来自世界空气质量项目，气象数据来自温室数据平台。社会经济和人口数据来自公开的媒体报道和统计局公报。

4.2.1　上海市的大气污染变化情况

首先，我们需要知道上海市近年来大气污染的总体趋势。我们的数据提供了自 2014 年 1 月 1 日以来，上海市逐日的 PM2.5 数据，如表 4.2.1 所示。

表 4.2.1　上海每日的 PM2.5 数据

Date	PM2.5
2014/1/1	188
2014/1/2	170
2014/1/3	191
2014/1/4	176
2014/1/5	116
2014/1/6	83
2014/1/7	120
2014/1/8	106
2014/1/9	97
……	……

显然，这是一个针对时间类数据的可视化。我们可以先在 Excel 里用简单的折线图来观察一下数据的总体样貌，如图 4.2.1 所示。

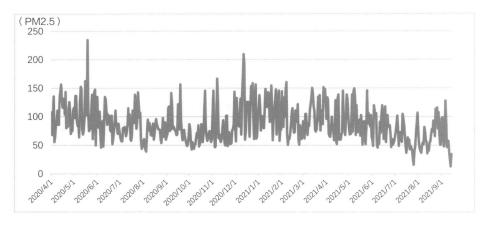

图 4.2.1　折线图

在图 4.2.1 中，我们仅仅画出了一年多的数据，整个画面就已经比较混乱了。可以想象，如果把所有年份全部用折线图画出来，那么图表会被拉得非常宽。怎么解决这个问题呢？

第一个办法是对数据进行聚合。目前，按日的数据粒度很低，我们可以将其聚合成按月的数据，则数据规模会大大减少。具体方法：首先在 Excel 中用公式从"Date"列中提取出年和月（=YEAR(A2)&"-"&MONTH(A2)），存储为"Year-Month"列（见表 4.2.2）。然后，选中"Year-Month"和"PM2.5"两列，单击"插入→数据透视表"命令。然后单击生成的数据透视表，将"Year-Month"字段拖入"行"，将"PM2.5"字段拖入"值"。此时，数据透视表将按月汇总出 PM2.5 数据。但注意，此时的 PM2.5 数据是"计数项"（该字段在每个月中出现了多少次），而不是"平均值"。因此，我们需要在字段配置的面板中，单击"PM2.5"旁边的小圆形图标，将"汇总方式"修改为"平均值"，单击"确定"按钮后，透视表中显示的就是按月的 PM2.5 平均值。整理完毕的结果如表 4.2.3 所示。

表 4.2.2　从原始数据中提取年、月信息，存储为"Year-Month"列

Date	Year-Month	PM2.5
2014/1/1	2014-1	188
2014/1/2	2014-1	170
2014/1/3	2014-1	191
2014/1/4	2014-1	176

续表

Date	Year-Month	PM2.5
2014/1/5	2014-1	116
2014/1/6	2014-1	83
2014/1/7	2014-1	120
2014/1/8	2014-1	106
2014/1/9	2014-1	97
……	……	……

表 4.2.3　使用数据透视表对数据进行聚合，取得平均值

Month	Mean PM2.5
2014/1	139.71
2014/2	117.29
2014/3	126.81
2014/4	125.10
2014/5	135.58
2014/6	109.70
2014/7	92.65
2014/8	85.03
2014/9	81.93
……	……

这样一来，画出来的折线图便简化了不少，可以容纳的年份也变多了。我们为其添加一条趋势线（单击图表，选择"设计"选项卡中的"添加图表元素→趋势线→线性"命令），就可以看到上海市 PM2.5 的平均值呈下降趋势，如图 4.2.2 所示。

不过，折线图虽然可以较好地反映多年来的总体趋势，却不是很方便观察周期性。比如，我们看到这条折线在一些年月是有波动的，但如果想要知道这些波动发生在何时，就必须在 x 轴上不断寻找，这显然比较耗费精力。因此，我们进而可以思考，是否可以把不同年份"叠起来"一起看呢？

如第 2 章所介绍，这种偏重周期性的观察，可以采用径向折线图。这在 Excel 中同样可以办到。仍然是使用刚才的数据，首先，单击"插入"选项卡，在图表类型中选择"雷达图"命令。然后，需要我们手动配置一下数据，将不同年份拆分为

多个系列。具体操作：用鼠标右击生成的图表，在弹出的快捷菜单中选择"选择数据"命令，弹出"选择数据源"对话框，再手动创建"图例项（系列）"（单击"＋"号），为其设置名称（如 2014），并选择对应的 y 值范围，如图 4.2.3 所示。

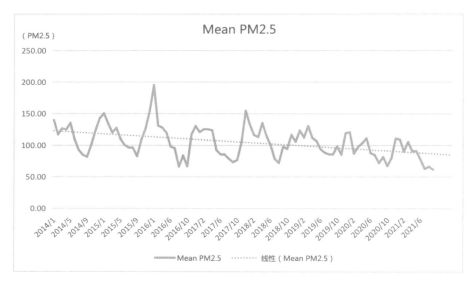

图 4.2.2　进行了数据聚合之后的折线图

图 4.2.3　在 Excel 中使用"雷达图"来制作径向折线图

完成后，将形成如图 4.2.4 所示的径向折线图。可以看到，该图表将 12 个月份布局为时钟状，不同的年份则如我们所愿，被叠在了一起。由于线条较多，为了方便比较，我们将线条以光谱的顺序着色（紫—红），越偏冷色调表示越早的年份，越偏暖色调表示越靠后的年份。可以发现，2014 年以来，代表 PM2.5 平均值的圆环总体在不断缩小，同样可以证明其下降趋势。当然，其中也有一些波动，比如 2017年的冬季似乎有所反弹。不仅如此，从这张图上，我们还能直观地看出月份之间的差异。比如，一年之中，一般冬季的污染最重，夏季的污染最低。这与自然规律是符合的（冬季较为干燥、风雨少、温度低，不利于污染物扩散）。

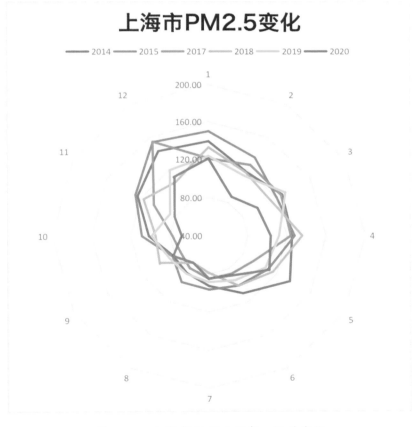

图 4.2.4　上海市 PM2.5 逐年、逐月变化

（注：因为 2016 年存在缺失值，因此暂时删除）

4.2.2　污染和风力有关系吗

接下来，我们可以进一步探究，PM2.5 受哪些因素影响，与哪些因素最相关。由 4.2.1 节可知，PM2.5 可能和风速有关。因此，我们可以首先分析一下 PM2.5 和平均风速的相关性。以 2019 年为例，先整理好数据，如表 4.2.4 所示。

表 4.2.4　2019 年的 PM2.5 数据和风速数据

Month	PM2.5	平均风速（m/s）
2019 年 1 月	123.74	2.15
2019 年 2 月	112.71	2.60
2019 年 3 月	130.81	2.49
2019 年 4 月	112.13	2.52
2019 年 5 月	107.06	2.42
2019 年 6 月	93.90	2.26
2019 年 7 月	88.74	2.26
2019 年 8 月	85.94	2.73
2019 年 9 月	86.63	2.43
2019 年 10 月	98.35	2.23
2019 年 11 月	85.57	2.48
2019 年 12 月	119.52	2.28

同样，我们可以先在 Excel 中简单画些图形来观察。探究相关性的最常用的可视化是散点图。因此，我们选中"PM2.5"和"平均风速"两列，选择"插入→散点图"命令，然后添加一条趋势线（单击图表，选择"设计"选项卡的"添加图表元素→趋势线→线性"命令）。结果如图 4.2.5 所示。

可以看到，虽然趋势线整体有下行趋势，但这个趋势并不算特别明显，且散点都比较稀疏分散。可见，平均风速可能并不算是预测 PM2.5 的强有力指标。

类似地，我们还可以分析一下 PM2.5 与平均温度的相关性，如表 4.2.5 所示。

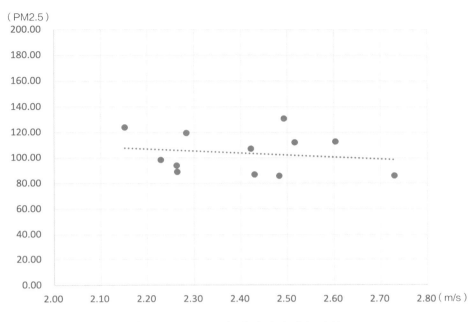

图 4.2.5　PM2.5 与平均风速的相关性

表 4.2.5　2019 年的 PM2.5 数据和气温数据

Month	PM2.5	平均气温（℃）
2019 年 1 月	123.74	5.77
2019 年 2 月	112.71	6.08
2019 年 3 月	130.81	11.30
2019 年 4 月	112.13	16.42
2019 年 5 月	107.06	20.84
2019 年 6 月	93.90	23.86
2019 年 7 月	88.74	27.48
2019 年 8 月	85.94	28.55
2019 年 9 月	86.63	24.49
2019 年 10 月	98.35	19.85
2019 年 11 月	85.57	14.93
2019 年 12 月	119.52	8.78

使用同样的方法生成图表，结果如图 4.2.6 所示。这一对变量的相关关系明显强了很多。

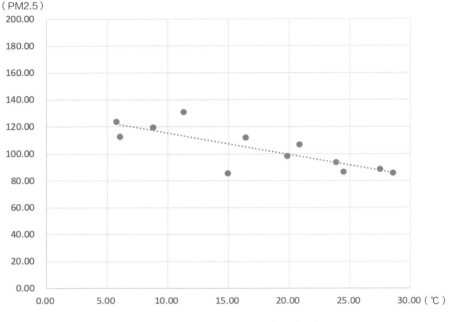

（PM2.5）

图 4.2.6　PM2.5 与平均温度的相关性

我们也可以对图表进行一些美化。图 4.2.7 的美化过程都在 Excel 中完成，包括标题（添加标题、设置标题字体、给标题区域加上渐变背景）、散点大小设置（双击散点，在右侧出现"设置数据点格式"面板，单击"填充线条"图标，选择"标记"，在"数据标记选项"中配置标记"大小"，在"填充"下选择"渐变填充"）、趋势线样式设置（选中趋势线，在右侧的"设置数据点格式"面板中配置线条样式和颜色）、配置坐标轴（选中坐标轴，在右侧的"设置数据点格式"面板中选择"坐标轴选项"，配置坐标轴"边界"，以及"数字"的显示方式）。

此外，Excel 还允许用户自己上传图标。操作方法：选中散点，在右侧的"设置数据点格式"面板中选择"标记"，找到"数据标记选项"中"内置"的下拉菜单，选择最后一个选项，上传自己的图片。此时，你需要事先准备好一个透明背景的图标，并裁剪好它的大小（免费图标资源 iconfont，下载 .png 格式）。这样，一个比较有装饰性的图表就做好了，如图 4.2.8 所示。

当然，如前文所说，如果你擅长设计，也可以把 Excel 中生成的图片，导入设计软件（如 AI）中，进行更灵活的编辑。

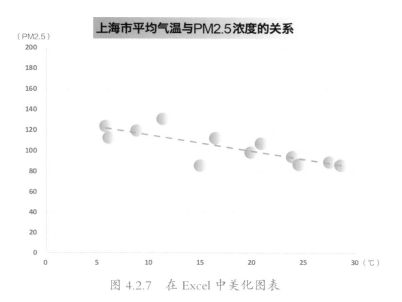

图 4.2.7 在 Excel 中美化图表

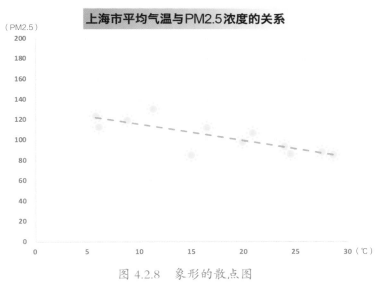

图 4.2.8 象形的散点图

4.2.3 污染还和哪些天气指标有关系

从 4.2.2 节的案例中我们可以体会到，数据分析其实是一个验证猜想的过程。有时候，我们的猜想是正确的，有时候则不太正确。因此，我们往往需要不断地尝试，才能够发现数据里有价值的地方。

于是,问题又出现了。4.2.2 节中,我们只尝试了两个变量(平均风速、平均气温)与 PM2.5 浓度的关系。如果我们想要知道更多气象因素和 PM2.5 的相关性,又应该怎么办呢?

比如,表 4.2.6 中包含了平均气温、平均风速、平均相对湿度、平均大型蒸发量、累计降水量多个指标。将它们逐一和 PM2.5 浓度作散点图当然是可行的。但是,这样会消耗较多的人力,且容易混乱。

表 4.2.6 2019 年的 PM2.5 数据和一系列气象数据

月份	PM2.5	平均气温 (℃)	平均风速 (m/s)	平均相对 湿度 (%)	平均大型蒸 发量 (mm)	累计降水量 (mm)
2019 年 1 月	123.74	5.77	2.15	76.90	1.28	61.40
2019 年 2 月	112.71	6.08	2.60	80.36	1.98	148.10
2019 年 3 月	130.81	11.30	2.49	71.52	2.36	46.20
2019 年 4 月	112.13	16.42	2.52	75.13	2.39	63.80
2019 年 5 月	107.06	20.84	2.42	62.90	3.59	53.10
2019 年 6 月	93.90	23.86	2.26	78.67	3.42	128.20
2019 年 7 月	88.74	27.48	2.26	81.23	1.48	137.40
2019 年 8 月	85.94	28.55	2.73	78.47	3.83	306.90
2019 年 9 月	86.63	24.49	2.43	79.27	4.10	229.90
2019 年 10 月	98.35	19.85	2.23	74.23	2.72	110.90
2019 年 11 月	85.57	14.93	2.48	69.47	1.45	22.50
2019 年 12 月	119.52	8.78	2.28	77.10	1.63	96.00

当有多个变量需要验证相关关系时,我们可以考虑矩阵散点图。目前,矩阵散点图无法直接在 Excel 中实现。用户需要逐一绘制出散点图,然后手动将它们拼合在一起。但在 Python 中,只需要几行代码即可完成。

下面,我们使用 Python 中的 pandas 库来读取 Excel 数据,再用 seaborn 库来绘图。首先引入两个库(未安装的读者,需要先用下面的 pip 命令安装这两个库),代码如下。

```
# pip install pandas
import pandas as pd
# pip install seaborn
import seaborn as sns
```

然后读取 Excel 数据，代码如下。

```
data = pd.read_excel("上海气象数据.xlsx")
```

输入两行绘图代码。

```
sns.set(context='notebook', style='ticks', font='SimHei')
sns.pairplot(data)
```

运行代码，输出如图 4.2.9 所示。

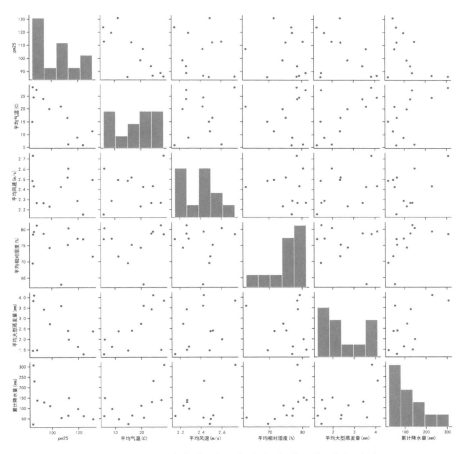

图 4.2.9　用矩阵散点图观察多个变量之间的相关性

这个图绘制出了所有变量之间的两两关系。比如，在矩阵的第一列，可以看到 PM2.5 浓度和所有其他变量之间的相关关系。可以发现，PM2.5 和平均气温、平均大型蒸发量、累计降水量之间的相关性比较明显。对角线的地方，原本是某变量自己和自己的相关性计算，这是没有什么意义的。因此，seaborn 将对角线的地方，处理成了该变量的数据分布，用直方图表示。

我们也可以给散点图加上回归线，代码如下。

```
sns.pairplot(data, kind="reg")
```

这样一来，变量之间的关系就更加直观（见图 4.2.10）。其中，回归线旁边的浅蓝色带子，指的是回归的置信区间，与数据的集中程度（标准差）相关。

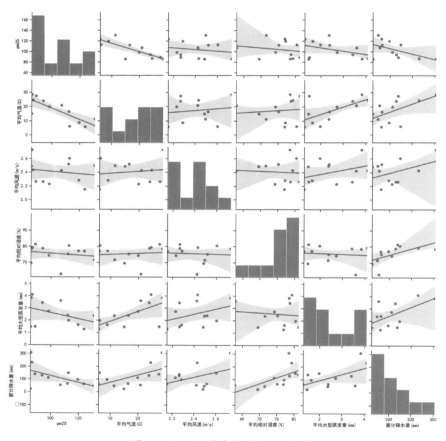

图 4.2.10　矩阵散点图 + 回归线

可以看到，在所有气象指标中，平均气温与 PM2.5 是最相关的，并且散点相对集中在回归线附近。平均大型蒸发量、累计降水量与 PM2.5 也呈负相关，但是数据相对分散，导致置信区间范围较大。

除此之外，我们还能顺便观察到气象指标内部的两两关系。比如，平均气温和平均大型蒸发量之间是正相关的。平均气温和累计降水量也是正相关的。这可以帮助我们更好地分辨数据之间的复杂关系。

当然，相关性并不只有散点图可以体现。如第 2 章所介绍的，核密度估计也是分析散点图空间分布的一种常见方法。在 seaborn 中，实现它也非常容易，代码如下。

```
sns.pairplot(data, kind="kde")
```

画出来的图形类似等高线（见图 4.2.11）。简单来说，点越密集的地方，密度越高，越靠内层。与散点图类似，我们可以通过观察这些线条的延伸方向和聚集情况来评估其相关程度。

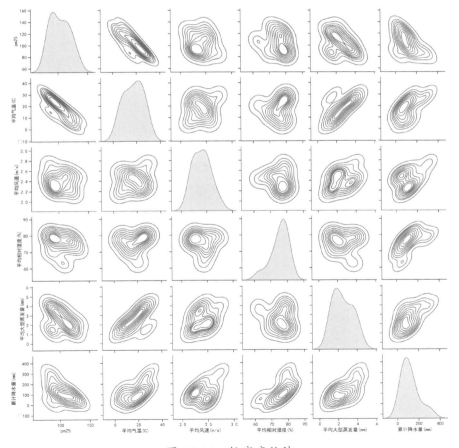

图 4.2.11　核密度估计

最后提供一种在 Excel 中完成快速相关性分析的简单方法。

首先,我们需要在 Excel 中启用一个叫作"数据分析"的模块。操作方法:单击"文件→选项→加载项"命令,在"管理"中选择"Excel 加载项",单击旁边的"转到"按钮,此时会出现"加载宏"对话框,勾选"分析工具库"复选框,单击"确定"按钮。回到 Excel 中,"数据"选项卡的最右边会出现一个"数据分析"命令。

这个模块提供了许多常用的统计分析方法,其中本案例中要用到的叫作"相关系数"(见图 4.2.12)。

图 4.2.12　"数据分析"模块

选择"相关系数",在"输入区域"中框选我们要分析的数据范围,在"输出区域"选择一个空白的格子,这里将出现相关性分析的结果,如图 4.2.13 所示。

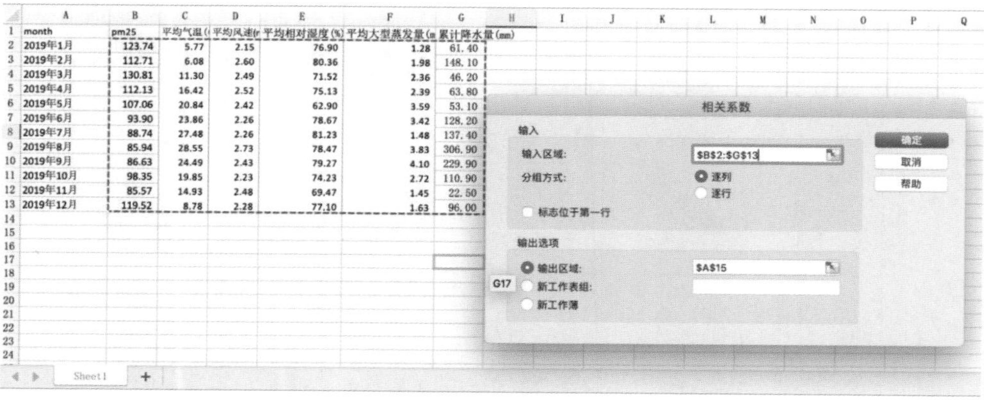

图 4.2.13　相关性分析操作界面

之后,我们将得到一个矩阵状的表格,其本质和我们上文讲到的矩阵散点图是一样的。表格中的数字是皮尔森相关系数，1 代表完全正相关，−1 代表完全负相关。之后，我们可以对这个表格进行一些美化，例如调整一下排版、加上框线等，如图 4.2.14 所示。

	PM2.5	平均气温(℃)	平均风速(m/s)	平均相对湿度(%)	平均大型蒸发量(mm)	累计降水量(mm)
PM2.5	1.00					
平均气温(℃)	−0.80	1.00				
平均风速(m/s)	−0.17	0.13	1.00			
平均相对湿度(%)	−0.19	0.10	−0.06	1.00		
平均大型蒸发量(mm)	−0.40	0.64	0.35	−0.10	1.00	
累计降水量(mm)	−0.53	0.57	0.41	0.60	0.59	1.00

图 4.2.14 分析结果显示了变量间的两两相关性

图 4.2.14 已经能够比较清晰地反映变量之间的关系了。如果你想让它看起来更加丰富一些，则可以使用 Excel 的"条件格式"功能。首先，选定表格中有数字的区域，然后单击"开始"选项卡中的"条件格式→色阶"命令。由于是有正负之分的数据，我们使用"红—白—蓝"的配色方案。负相关的用蓝色表示，正相关的用红色表示。然后，根据整体感觉，继续调整一下线条、字体等设计。结果如图 4.2.15 所示。

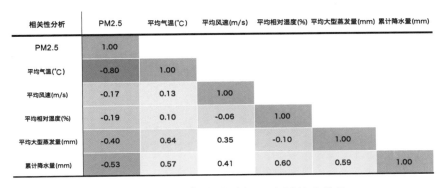

图 4.2.15 对分析结果进行一些调整或美化

4.2.4 城市 GDP、人口与污染程度有关系吗

最后，我们还想知道城市污染情况和社会类数据的关系。比如，是不是大城市

的污染就一定高呢？如果想要在大城市生活，有没有哪个城市是既发达，又宜居的呢？如果我们可以用数据来进行评估，很可能为我们的人生规划提供可靠的参考。

　　下面，我们在一二三线城市中，随机挑选 20 个城市来进行分析，包括上海、北京、深圳、广州、成都、杭州、重庆、西安、郑州、厦门、石家庄、南昌、长春、兰州、太原、乌鲁木齐、株洲、银川、三亚、呼和浩特、大庆。

　　各个城市的数据如表 4.2.7 所示。

表 4.2.7　各个城市的数据

	PM2.5	GDP（亿元）	人口（万人）
上海	92.33	38701	24870.90
北京	99.46	36103	2189.30
深圳	82.63	26360	1756.01
广州	75.48	25019	1756.01
重庆	103.42	25003	3205.42
成都	108.39	17717	1658.10
杭州	103.03	16106	1193.60
郑州	119.76	12003	1035.20
西安	122.47	10020	1295.29
长春	99.17	6638	906.69
厦门	58.26	6384	516.40
石家庄	136.81	5935	1123.51
南昌	107.43	5746	554.55
太原	119.00	4153	530.41
乌鲁木齐	105.78	3337	355.20
株洲	111.01	3177	390.27
兰州	97.84	2887	435.94
呼和浩特	100.91	2801	344.61
大庆	93.54	2301	278.16
银川	94.21	1964	285.91
三亚	45.64	695	103.13

　　数据总共有 3 个维度，因此，我们可以使用气泡图来进行可视化。首先，在 Excel 中选中所有数据，单击"插入→散点图"命令，在弹出的菜单中选择合适的气泡图。选中生成的气泡图，鼠标右击，在弹出的快捷菜单中选择"选择数据"命令，在弹出的"选择数据源"对话框中将 x 轴配置为 GDP，y 轴配置为 PM2.5，气泡面积配置为人口数。结果如图 4.2.16 所示。

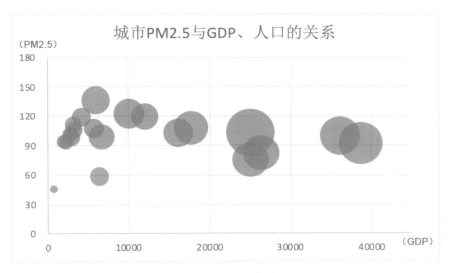

图 4.2.16　气泡图

　　在图 4.2.16 中，越靠上的城市，表示空气质量越差，越靠右的城市，GDP 越高。圆面积越大的城市，人口越多。可以发现，经济发达的城市，人口一般也多。但是，并不是城市越大，污染就越严重。比如，在我们分析的这 20 个城市中，上海、北京两个特大城市的平均 PM2.5，处于较为中间的位置。而像石家庄、株洲、太原这几个城市，GDP 不算很高，但是 PM2.5 处于较高水平。此外，也有一些比较离群的城市，和大部队不太一样。最小的气泡是三亚，这是一座典型的人口少、GDP 较低、空气质量也很好的城市。三亚右边的是厦门，厦门的 GDP 与它上方的长春、石家庄、南昌等城市相仿，但空气质量却好很多，人口也比较少，无怪被称作"花园城市"。

　　接下来，我们可以进一步扩充这张图表的信息量。用颜色来表示这些城市的区位方向。这需要我们在"选择数据源"对话框中为每个地区的数据分别创建一个系列。这样，不同的系列会被赋予不同的颜色（见图 4.2.17）。

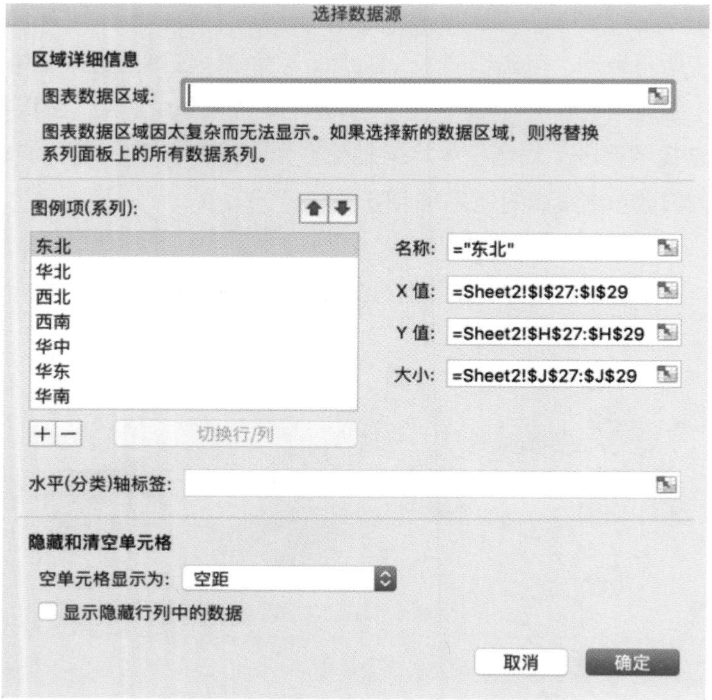

图 4.2.17　气泡图的系列配置

为了方便区分，我们用暖色调代表北方地区（华北、东北、西北），冷色调代表南方地区（华东、华南、华中、西南）。如图 4.2.18 所示，很明显，在我们随机选择的这 20 个城市当中，华东、华南地区的城市空气质量更好，GDP 也更高，其中又以华南地区的几个城市空气质量最优。相比之下，北方的城市中，北京的经济实力最为突出，空气质量也算中等。

图 4.2.19 所示为我们对 2020 年数据的可视化。如果我们想要展现这些城市历年的变化，还可以对这张图加上动画，这样就完整复刻了 Hans Rosling 的动态气泡图设计。

由于本书不便展现动画效果，这里，笔者列出一些可以制作这种动态气泡图的工具，供读者查阅：花火数图（见图 4.2.20）、G2、Excel 插件（Power View）。

城市PM2.5与GDP、人口的关系（按区位着色）

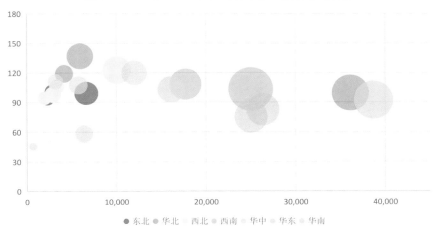

图 4.2.18 在 Excel 里生成填色气泡图

中国20个城市GDP、人口、PM2.5对比（2020年）

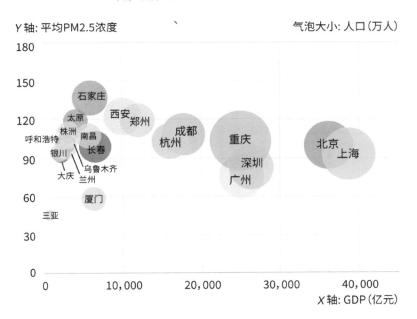

图 4.2.19 最终设计结果

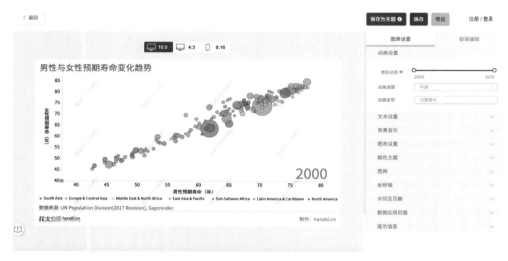

图 4.2.20　花火数图的动态气泡图模板

4.3　案例三：企业概况

在办公场景中，常常需要对企业的组织、运营情况进行可视化。比如，企业的发展历程是怎样的，组织、人事是如何架构的，企业的优劣势在哪里，等等。在各种汇报材料中，这往往需要以流程图、示意图的形式呈现。在本节中，我们就以海底捞为例，用一些可视化图表来呈现其发展、经营情况。数据来源包括海底捞公司官网简介、招股说明书及年度报告、天眼查（本节案例所用数据查询时间为 2021 年 9 月）。

4.3.1　企业的发展历程是什么

首先，我们想用可视化的形式，比较直观地展现海底捞的发展史。这是典型的时间类数据，并且数据类型是离散的，因此最适合用时间轴来呈现。时间轴，一般由一个主干和主干旁边的节点或分支构成，主干表示时间的流逝，分支表示离散数据。

绘制时间轴的工具有很多。首先，许多 PPT 模板中都会提供设计好的时间轴页面，可以直接下载修改。类似地，在一些制作信息图的工具中，也会有时间轴模板（如 Infogram ）。再者，很多专门绘制流程图、思维导图的工具（如 ProcessOn、亿图、MindMaster、Creately ）等，也可以制作出时间轴，相关教程可以参考。

例如，我们可以登录流程图绘制网站 Creately，找到其中的时间轴模板，然后对文字和颜色进行编辑，最后导出图片，如图 4.3.1 所示。

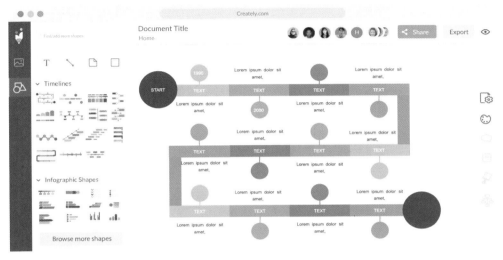

图 4.3.1　Creately 编辑界面

如图 4.3.2 所示，笔者选择了一个折线状的时间轴，通过修改文字，很快做出了一个海底捞早期的发展历史。

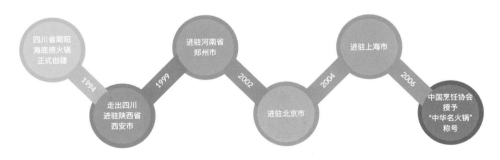

图 4.3.2　从模板修改而来的时间轴

使用这类模板化工具的优点在于便捷，节省自己设计的时间。缺点在于：（1）有时候找到心仪的模板并不容易；（2）模板无法满足较为复杂的个性化需求、审美需求；（3）这类模板往往难以精确地刻画时间类数据。

其中，第（3）点是比较容易被人忽视的。以图 4.3.2 为例，在这张图中，所有的事件被排在了等距的位置上，但实际上它们的时间间隔是不同的。从海底捞在四川省创立到进入陕西省，时隔 5 年。而从陕西省到河南省，只花了 3 年时间。如何更准确地展现时间间隔呢？

以下，我们以设计软件 AI 为例，讲解更精确的时间轴的绘制过程。

首先，为了让时间轴上的时间间隔是准确的，我们可以考虑将时间轴当作图表来生成。操作方法：在左侧工具栏选择"图表工具→堆积条形图工具"命令，用鼠标在画布上拖出一个区域，然后输入时间间隔数据（注意：需要按水平方向输入）。得到一个堆积条形图，如图 4.3.3 所示。

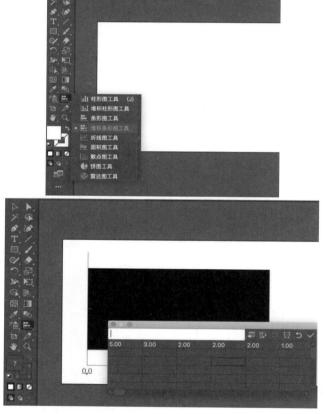

图 4.3.3　用设计软件的"堆积条形图"功能自行绘制时间轴

接着，选定生成的图表，单击上方菜单栏"对象→取消编组"命令，在弹出的对话框中单击"确定"按钮，这样图表就成为可以编辑的形式。这个生成的堆积条形图，其实就可以作为时间轴的刻度线。之后，我们可以把这个条形图拉窄到接近一条线的窄度，然后在分割处画上引申出来的线条（左侧工具栏选择"线段工具"），便有了一个时间线的雏形（见图 4.3.4）。

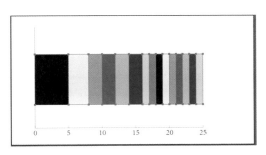

图 4.3.4　生成的堆积条形图，拉窄后可以作为时间轴的主干

之后，我们可以根据自己的喜好对这个图形进行更细致的排版、美化。例如，当文字较密集时，可以用交错的引申线把文字区域错开，提升空间利用率。再如，为企业做可视化时，可以考虑使用企业的品牌色彩作为主色，同时在视觉上把主要信息凸显出来。图 4.3.5 所示为笔者对海底捞企业发展历史做的一个时间线可视化。与模板生成的结果相比，这种设计的准确性和定制程度都更高。从图上可以很明显地看到，海底捞在创立早期，主要是从四川省扩张到附近省份，再扩张到一线城市。而在 2010 年之后，海底捞的服务类型和资本运作都明显增多，进入快速增长时期。因此，这种时间轴某种程度上也能客观反映企业的发展速度和节奏。

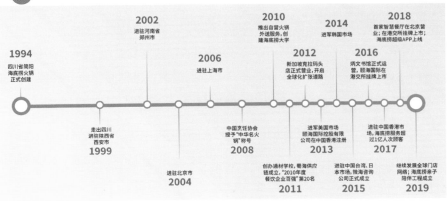

图 4.3.5　海底捞企业发展历史

4.3.2　企业的组织架构如何

接着，我们想要知道海底捞的部门组织和架构是如何的，这是一种典型的结构类数据，适合使用树状的图表来呈现。由于海底捞的企业规模较大、架构复杂，我们在本节只用其食品安全体系的组织架构关系来进行可视化（见表 4.3.1）。

表 4.3.1　组织架构关系

一　级	二　级	三　级	四　级
食品安全委员会	食品安全管理中心	海底捞门店	海底捞（中国）
食品安全委员会	食品安全管理中心	海底捞门店	海外事业部
食品安全委员会	食品安全管理中心	海底捞门店	Hi 捞送
食品安全委员会	食品安全管理中心	海底捞门店	U 鼎冒菜
食品安全委员会	蜀海公司	物流管理部	\
食品安全委员会	蜀海公司	品控总部	\
食品安全委员会	蜀海公司	各物流加工厂	\
食品安全委员会	采购委员会	大宗采购部	\
食品安全委员会	采购委员会	片区采购部	\
食品安全委员会	技术管理相关部门	技术管研发	\
食品安全委员会	技术管理相关部门	海底捞（中国）厨政	\
食品安全委员会	技术管理相关部门	片区技术部	\
食品安全委员会	工程管理部	设计组	\
食品安全委员会	工程管理部	维修部	\
食品安全委员会	其他可能涉及食品安全问题咨询的部门	\	\

同样，我们可以使用 4.3.1 节提到的思维导图工具来绘制树状图。为了让读者了解更多的实用工具，这次我们换用另一个方便的在线工具 ProcessOn 来绘图。进入 ProcessOn 之后，单击"新建"命令，选择"组织结构图"，即可看到一些现成的模板。我们可以选择一个合适的模板进行修改，如图 4.3.6 所示。

在设计面板中，还可以切换树枝的排列方向和颜色主题，如图 4.3.7 所示。

比如，笔者最后选择了让树枝向右延展，同时选择了一个暗色的配色方案（见图 4.3.8）。

图 4.3.6　ProcessOn 界面

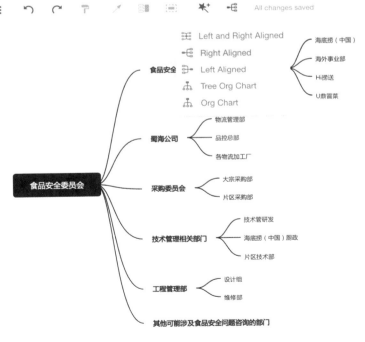

图 4.3.7　切换树枝的排列方向

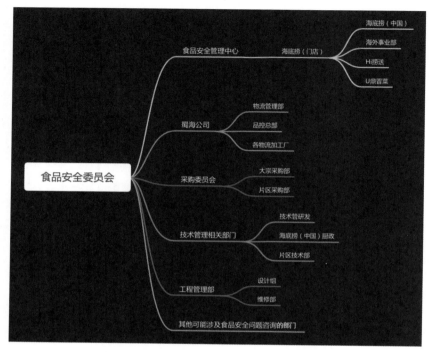

图 4.3.8　用 ProcessOn 制作的组织架构图

如果你希望更自由地对图表进行生成和设计，则可以使用一些专门的数据可视化工具。比如，Rawgraphs 支持从数据生成树状图。

第一步，我们需要把整理好的层级数据粘贴进 Rawgraphs（见图 4.3.9）。

		一级	二级	三级	四级
	1	食品安全委员会	食品安全管理中心	海底捞门店	海底捞（中国）
	2	食品安全委员会	食品安全管理中心	海底捞门店	海外事业部
	3	食品安全委员会	食品安全管理中心	海底捞门店	Hi捞送
	4	食品安全委员会	食品安全管理中心	海底捞门店	U鼎冒菜
	5	食品安全委员会	蜀海公司	物流管理部	\
	6	食品安全委员会	蜀海公司	品控总部	\
	7	食品安全委员会	蜀海公司	各物流加工厂	\
	8	食品安全委员会	采购委员会	大宗采购部	\

1. Load your data

DATA PARSING OPTIONS

Column separator　\t Tab

Thousands separator　,

Decimals separator　.

Date Locale　en

DATA TRANSFORMATION

Stack on　Column

↻ Reset

图 4.3.9　粘贴数据

第二步，选择线性树状图（Linear dendrogram）。

第三步，将层级按顺序拖入数据配置栏，如图 4.3.10 所示。

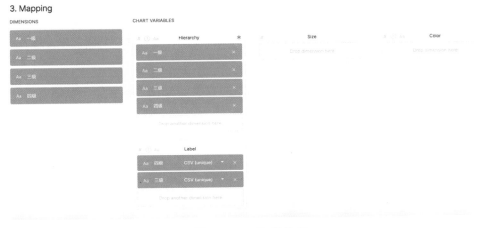

图 4.3.10　配置数据

这样即可生成一个树状图。

第四步，可以对生成结果进行调整。例如，打开图表（CHART）配置栏，调整圆圈尺寸的显示方式（Size only leaf nodes）、调整圆圈的大小比例（Max diameter）等，如图 4.3.11 所示。

此外，一些前端图表库也可以比较高效地制作这种复杂图表。比如，Apache Echarts 提供多种树图模板，比较适合有前端开发经验的读者，如图 4.3.12 所示。

可以看到，在这种开发工具中，数据是以 JSON 格式存储的。节点数据按照父子关系层层嵌套，如图 4.3.13 所示。

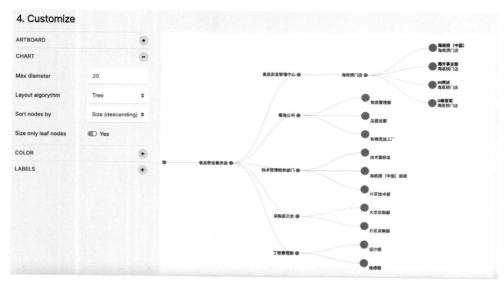

图 4.3.11　生成图表

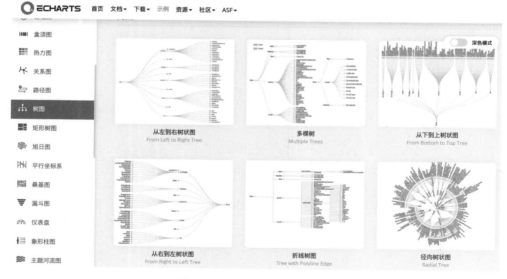

图 4.3.12　Echarts 的树状图

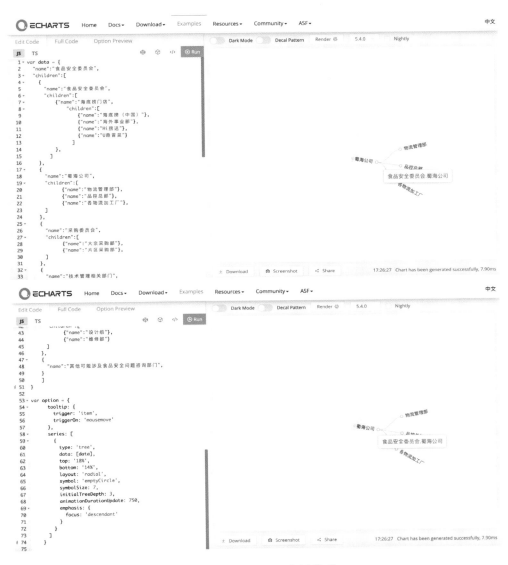

图 4.3.13 Echarts 实例代码

　　而在引入数据之后，实际掌管绘图的代码其实非常简单（见图 4.3.13）。其中，最核心的"type"声明了这个图表的类型是"tree"，"layout"声明了图表的布局是圆形的"radial"。

　　这类前端图表库最大的优势如下。

（1）可以呈现在网页上，因此也是可以交互的。比如，在图 4.3.13 的案例中，当我们把鼠标光标放到相应的节点上时，可以有高亮效果。当我们单击一个节点时，它还可以展开或者收纳起来。

（2）复用性高。在写好一个图表生成代码之后，下次有类似的图表，直接替换数据即可生成，效率比人工绘制高很多。

（3）数据量大时尤其高效。

试想，如果一个数据集有上百、上千个节点，逐一手动绘制节点显然是非常耗时的，并且很可能会出现画面过于凌乱的问题。此时，如果让机器自动生成图表，并且允许用户交互和过滤数据，那么会大大提升工作效率和数据的展示质量。

因此，即使是没有代码基础的读者，也不妨尝试使用一下这类图表库。只需在左侧的编辑器中修改一下数据，即可在右边的视图中看到绘图结果。

4.3.3 企业的财务状况如何

接下来，我们希望评估一下企业的财务状况。这是一个非常综合性的问题，因为"财务状况"可以表现在很多方面，例如企业的利润、债务、消费、投资等，难以一概而论。比如，一个看似利润很高的企业，却可能因为背负了大量的债务，仍然深陷泥沼。一个看似利润较低的企业，可能是将大量收入用在了扩张店面上，因此总体仍然健康。换言之，从数据分析的角度来说，这个问题对应的是多维度数据。所以，在制作数据可视化时，也应当选用适合多维度数据的图表。

仍旧以海底捞为例。首先，我们从海底捞 2020 年的财报中，找到最重要的一些财务数据，如表 4.3.2 所示。

表 4.3.2　海底捞资产情况（单位：千元）

	2020 年	2019 年	2018 年	2017 年	2016 年
非流动资产	20,933,888	13,413,641	6,208,657	2,274,131	1,492,848
流动资产	6,593,256	7,200,291	5,735,986	1,461,694	1,256,675
非流动负债	7,421,943	4,323,828	9,097	26,707	35,465
流动负债	9,867,943	5,664,071	3,305,988	2,618,137	1,642,318

其中，资产分为非流动资产（如厂房、设备、物业等）和流动资产（如存货、贸易应收款项等），也就是企业手里所拥有的东西。负债分为非流动负债（如租赁负债、长期的银行借款等）和流动负债（如贸易应付款项、短期银行借款等），也就是企业欠别人的东西。以下我们用这4个维度的数据，来绘制一下海底捞2020年的财务状况。

首先可以使用的多维度可视化图表是雷达图。这在 Excel 中就可以实现。操作方法：选中数据，单击"插入→雷达图"命令，效果如图4.3.14所示。

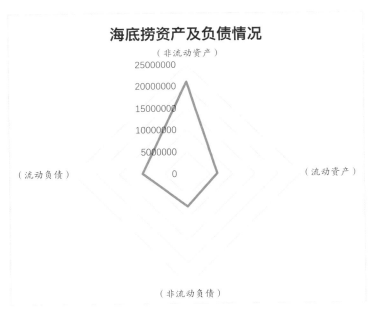

图 4.3.14　Excel 雷达图

可以看到，2020年，海底捞最多的是非流动资产，这是因其拥有大量的实体店面。此外，海底捞也有较高的负债额，而其流动资产是比较有限的。

以此类推，我们可以把海底捞近5年的数据都用雷达图绘制出来进行比较，如图4.3.15所示。

图 4.3.15　Excel 多系列雷达图

　　很明显，海底捞最近 5 年总体体量一直在扩大，导致雷达图上的圈也在不断变大，资产、负债都在增加。其中，高速的店铺扩张导致非流动资产增长最多。并且，2019 年之后，非流动负债出现了一个明显的增加。相较而言，海底捞的流动资产则保持了一个相对稳定的水平。不过，从目前这几个大指标上看，海底捞的资产和负债并没有失调的痕迹。

　　不过，目前的可视化仍有一些不足。由于软件默认从 12 点钟开始生成第一个维度，导致资产的两个维度位于右上部，负债的两个维度位于左下部，视觉上有些不便。为此，我们可以手动将图表的方位扭转一下。

　　首先，将 Excel 的图表复制到 AI 中，释放出所有元素，然后选中雷达图，将其旋转 90 度。这样，非流动资产、流动资产、非流动负债、流动负债就被放置到了 4 个象限的位置，上方为资产、下方为负债，更适合人们的阅读习惯。

　　同时，我们还可以在 AI 中继续美化图表的配色、线条，以及将图表的图例进行简化。比如，在这个例子中，笔者首先把数字的单位转换成了中国人比较熟悉的尺度（亿元）。接着，删除了冗余的数字标签，只保留最外框的标签（250 亿元），并用一个小线段示意框与框之间的差值（50 亿元）。这样，图表在视觉上会简洁不少，如图 4.3.16 所示。

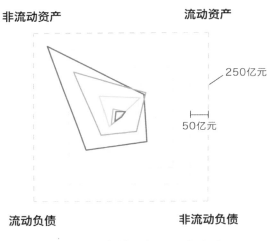

图 4.3.16　海底捞财务状况雷达图

这种设计其实体现了多维度数据可视化的一种常见思路，即把空间分割为多个象限，然后用每个象限分别呈现一个数据维度。

结合我们第 3 章所介绍的图表家族，可以发现南丁格尔玫瑰图也是采用了这一思路。只不过，与雷达图的线段不同，南丁格尔玫瑰图是使用扇形来编码数据的。

许多在线工具提供玫瑰图的生成，既有模板类工具如花火数图（见图 4.3.17）、镝数图表（见图 4.3.18）等，也有前端图表库如 G2（见图 4.3.19）、Echarts 等，此处不再赘述。

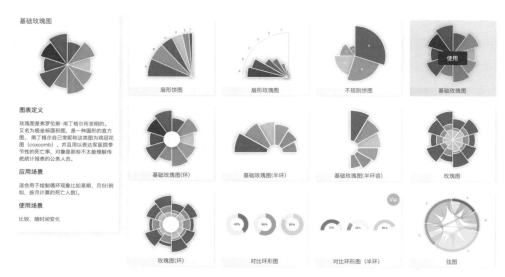

图 4.3.17　花火数图

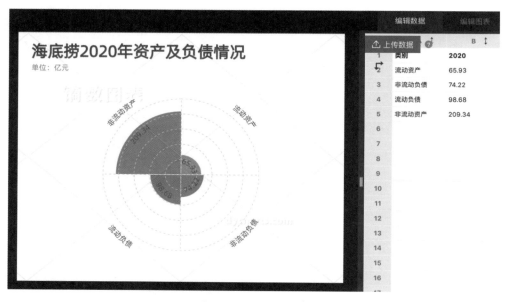

图 4.3.18　镝数图表

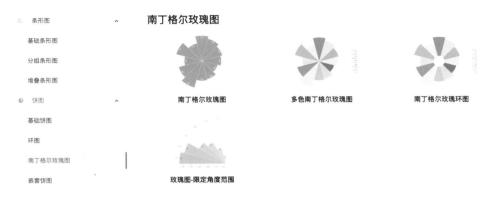

图 4.3.19 G2

4.3.4 企业的实际控制人是谁

在进行商业分析时，还有一个核心问题：利益是如何输送的。这一需求使得我们需要了解公司的股权分配，以及利益是如何通过股权结构输送到个人的。因此，从数据分析的角度看，这涉及对关系类数据的挖掘。接下来，我们用一份简化版的海底捞股权数据来演示如何制作关系图。

首先，我们需要整理一份节点数据，即关系网中的主体都有谁。同时，也可以给它们打上一些标签，例如是公司还是个人，如表 4.3.3 所示。

表 4.3.3 节点数据

Name	Type
四川海底捞餐饮股份有限公司	公司
简阳市静远投资有限公司	公司
张勇	个人
舒萍	个人
施永宏	个人
李海燕	个人
杨利娟	个人
袁华强	个人
苟轶群	个人
陈勇	个人
杨宾	个人

接着，我们需要整理一份连接数据，描述哪些节点之间有关系。这在关系图中表现为连接节点的"边"。比如，在本案例中，四川海底捞餐饮股份有限公司与多个股东节点相连。而它的大股东，简阳市静远投资有限公司，又有多个股东。此外，我们还可以加入每个股东的占股比例作为这条边的权重（Weight），如表 4.3.4 所示。

表 4.3.4　边数据

From	To	Weight
四川海底捞餐饮股份有限公司	简阳市静远投资有限公司	50%
四川海底捞餐饮股份有限公司	张勇	25.5%
四川海底捞餐饮股份有限公司	舒萍	8%
四川海底捞餐饮股份有限公司	施永宏	16%
四川海底捞餐饮股份有限公司	李海燕	16%
四川海底捞餐饮股份有限公司	杨利娟	0.2%
四川海底捞餐饮股份有限公司	袁华强	0.1%
四川海底捞餐饮股份有限公司	苟轶群	0.1%
四川海底捞餐饮股份有限公司	陈勇	0.06%
四川海底捞餐饮股份有限公司	杨宾	0.04%
简阳市静远投资有限公司	张勇	52%
简阳市静远投资有限公司	李海燕	16%
简阳市静远投资有限公司	舒萍	16%
简阳市静远投资有限公司	施永宏	16%

以上的数据结构体现了关系类数据的基本面貌：需要同时定义节点数据和边数据。虽然在不同的可视化工具中，其具体表现形式可能有些不同，但精神内核是一以贯之的。

首先介绍的是 Flourish，一款在线制作各种可视化图表的零代码工具。目前，Flourish 也同样支持关系图的生成。操作方法：进入页面后，选择关系图模板，单击顶部的"Data"标签，进入数据配置页面，将数据替换为自己的数据。

具体来说，这个页面上会有一个配置节点的工作表，如图 4.3.20 所示。

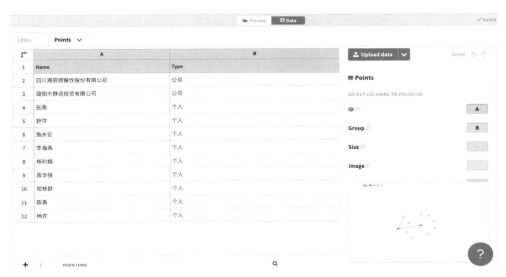

图 4.3.20 数据面板—输入节点数据

还有一个配置边的工作表，如图 4.3.21 所示。

图 4.3.21 数据面板—输入边数据

数据配置完毕后，单击顶部的"Preview"（预览），即可回到图表预览界面。在这里，可以继续配置图表的颜色，以及边的大小等。如图 4.3.22 所示，笔者选择了红绿配色，同时把边的宽度设置为 1 到 10。这样，占股越多的人，边就越宽。可以看到，在我们的这个简化案例中，张勇通过控股简阳市静远投资有限公司，间接控制了四川海底捞餐饮股份有限公司。

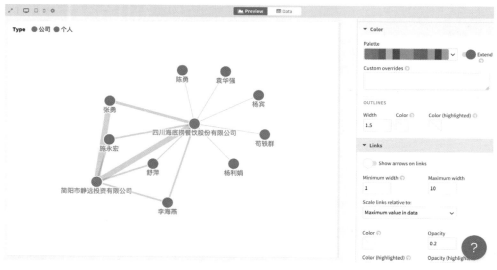

图 4.3.22　关系图绘制结果

与 4.3.2 节一样，我们也可以使用代码工具来完成复杂图表的绘制。这尤其适合数据量较大，或者有开发需求的情况。这里我们展示的是蚂蚁金服旗下的 G6。

进入 G6 后，选择一个关系图模板。进入后界面如图 4.3.23 所示。在界面中找到"Data"，即可看到它需要的数据格式。这份数据也是遵循了先载入节点数据，再载入边数据的模式。我们将自己的数据转换为 JSON 格式替换上去，即可获得作图结果。

另外，由于关系图是一种特殊类型的可视化，还有一些专为关系图开发的分析软件，如 Gephi，对于复杂网络分析较为擅长。

图 4.3.23 在 G6 上生成关系图

4.4 案例四：歌词文本

在 4.1 ～ 4.3 节的 3 个案例中，我们使用的都是表单类数据。而在本节中，我们将讲解另外一种常见的数据类型——文本数据。顾名思义，文本数据主要由文字和语言构成。针对文本数据最常见的数据分析需求，包括提取出文本中的关键词、发现用词的特点、文本的情感倾向等。在这个案例中，我们以周杰伦歌曲中的歌词为例，进行文本数据的分析和可视化。

4.4.1 周杰伦在唱什么

本案例中的歌词数据来自中文歌词数据库。这个数据库提供了华语歌手的歌曲及歌词信息，数据以 JSON 格式存储。为了尽量完整地呈现从原始数据到可视化的过程，接下来我们会先简单讲解数据的预处理过程，即如何将 JSON 数据转化为 Excel 格式，以及如何对周杰伦的歌曲进行分词。若你希望跳过数据预处理的过程，也可以在本书的下载文件中，直接使用分好词的 Excel 文件进行可视化练习。

数据预处理指的是将原始数据处理成我们希望的格式，并提取出我们需要的信息。在本案例中，我们需要先从数据库中筛选出演唱者为周杰伦的歌曲，然后获得这些歌曲的歌词，并将它们存储到纯文本文档（.txt 格式）中。以下提供两种方法。

第一种方法，先把 JSON 文件转换为 Excel 可以打开的 .csv 文件或 .xlsx 文件格式。这可以借助一些在线的转换工具完成（如 JSON to CSV Converter）。一般而言，只需将文件拖入这些工具，选择好转换格式类型，即可转换完成。接着，我们便可以在 Excel 中打开该数据，然后单击"数据→筛选"命令，选择歌手为"周杰伦"的歌曲。之后，选中它们的歌词，并将其粘贴到纯文本文档中。

第二种方法，通过 Python 进行数据预处理。代码如下。

首先，需要引入 JSON 库（未安装者通过 pip install json 安装）。

```
import json
```

然后，读取我们下载的 JSON 文件，存储在名为 data 的变量中。

```
with open('lyrics.json','r') as f:
    data = json.load(f)
```

接着，遍历 data 中的每一项，找出"歌手"="周杰伦"的数据项，存到 data_zjl 中。

```
data_zjl = [item for item in data if item['singer']=='周杰伦']
print(len(data_zjl))
```

建立一个空列表 zjl_lyrics，用于存储歌词。遍历 data_zjl 中的每一首歌，将它们的歌词存到 zjl_lyrics 中。

```
Zjl_lyrics = []
for song in data_zjl:
    zjl_lyrics = zjl_lyrics + song['lyric']
```

最后将 zjl_lyrics 写入一个新的 .txt 文件。

```
with open("zjl_lyrics.txt","w") as outfile:
    outfile.write("\n".join(zjl_lyrics))
```

通过这几行代码，我们就获得了周杰伦所有歌曲的歌词数据（见图 4.4.1）。以这个 .txt 文件为基础，我们便可以进行词频统计了。

图 4.4.1 歌词数据

以下附上一种在 Python 中分词的方法。首先引入 jieba 库（安装：pip install jieba）、pandas 库（安装：pip install pandas）、用于频次统计的 Counter 库，以及表单工具，代码如下。

```
import jieba
import jieba.analyse
import pandas as pd
from collections import Counter
```

事先准备好一个中文的停用词表（.txt 文件，里面包含一些常见的、需要过滤的中文标点和虚词，可在网上下载），代码如下。

```
with open('chinese_stop_words.txt') as f:
    stopwords = [line.strip() for line in f.readlines()]
```

打开歌词文件，利用 jieba 库进行分词。分词之后，删除停用词、去除无用的符号等。用 Counter 库对清洗干净的词语进行频次统计。然后将统计结果用 pandas 库转换为数据表单，存储为 Excel 文件，代码如下。

```
file = open("zjl_lyrics.txt").read()
words = jieba.lcut(file, cut_all=False, use_paddle=True)
words = [w for w in words if w not in stopwords]
```

```
words = [w.strip() for w in words]
words = [w for w in words if w !='']
words_filter = [w for w in words if len(w) > 1]

df = pd.DataFrame.from_dict(Counter(words_filter), orient='index').
reset_index()
df = df.rename(columns={'index':'words', 0:'count'})
df.to_excel("周杰伦分词结果.xlsx")
```

　　由此，我们便获得了分词后的单词及词频（见表 4.4.1）。使用这个文档，我们就可以开始制作可视化了。

表 4.4.1　周杰伦高频单词及词频

words	count
离开	76
回忆	67
微笑	60
不用	59
想要	56
爱情	53
时间	51
眼泪	47
就像	45
世界	43
……	……

　　由于是文本类数据，我们首先想到的可视化形式可能是文字云。如果你使用 Python，则可以直接基于刚才的分析结果，调用 wordcloud 库绘制文字云，代码如下。

```
from wordcloud import WordCloud

# 注：这里需要引入一个中文字体，否则会乱码
wc = WordCloud(font_path ='Alibaba-PuHuiTi-Regular.ttf',
            background_color="white",
            max_words = 2000)

wc.generate(' '.join(words_filter))

import matplotlib.pyplot as plt
plt.imshow(wc)
```

```
plt.figure(figsize=(12,10), dpi = 300)
plt.axis("off")
plt.show()
```

绘制结果如图 4.4.2 所示。

图 4.4.2　Python 绘制的文字云

不过，在代码工具内绘制文字云，进行定制化设计相对比较复杂。因此，也可以借助一些在线工具帮助我们实现更好的可视化效果。

目前，许多中文的工具都可以专门用来制作文字云，如微词云、易词云、图悦等（相关总结可参考知乎专栏的一篇文章《词频统计工具哪家强，对比 8 款工具得出了结果》）。下面，我们以微词云为例进行演示。

进入微词云界面后，首先单击"导入单词"，进行数据导入。选择"从 Excel 中导入关键词"，然后上传我们刚才得到的包含单词和词频的 Excel 文档（需要注意的是，微词云目前对上传的 Excel 文件格式有一定要求，比如，列名必须叫"单词"和"词频"才能识别，详见其页面指引），即可生成文字云（见图 4.4.3）。

可以看到，微词云的页面上还有另外两种导入数据的选项。其中，"简单导入"支持用户输入用逗号隔开的单词。"分词筛词后导入"则支持用户粘贴长文本，然后由系统自动进行分词和词性判别。换句话说，如果你有一个文档文件，也可以直接粘贴进微词云进行分词。

图 4.4.3　从外部文件导入分词结果

接下来我们用周杰伦的歌词文档来尝试一下。选择"分词筛词后导入",然后将图 4.4.1 的 .txt 格式的文档粘贴进微词云。之后,单击"开始分词",软件就会自动把词语切割出来,并按词性归类,结果如图 4.4.4 所示。

图 4.4.4　在微词云内部分词

可以看到,所有的词语被按照动词、名词、形容词、人名等归类。词语后面的括号标注了词频。同时,微词云还自动帮我们把高频的词汇勾选出来。我们也可以根据个人需求,在这个界面中进一步编辑,例如只显示名词、只显示动词等,然后单击"确定使用所选单词"按钮，即可生成词云。

之后，我们可以在"配置"栏中编辑词云的显示方式。其中，"计算模式"指的是字体的大小是否严格与词频匹配，因此我们选择"严格比例"。另外，我们还可以更改文字的颜色，以及文字云中单词的数量等。在本案例中，我们把单词数量调整到 200（见图 4.4.5）。调整完毕后，单击右上角的"下载到本地"按钮即可。

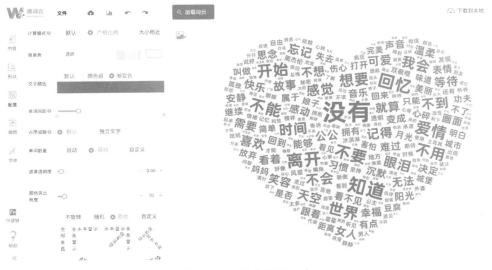

图 4.4.5　词云配置面板

在左侧编辑区的"形状"中，可以替换词云的蒙版。其中既有内置的一些矢量形状，也可以上传自己的图片（见图 4.4.6，笔者上传了一张周杰伦的素材图片）。

当然，虽然词云在视觉上比较有趣，但在展示数据上却不一定清晰。因此，我们也可以使用其他的图表来进行可视化。比如，可以用圆面积来展示最高频的词汇。

图 4.4.7 是使用 AI 工具绘制的。首先，我们在"图表工具"中选择"饼图"，按竖直方向将数据粘贴进去，单击"确定"按钮，即可生成对应面积的一系列圆形。然后，选中所有圆形，取消分组，即可对它们进行单独编辑。之后，我们分别为它们加上文字，并调整颜色、背景等，即可得到一幅圆面积图。

图 4.4.6　自定义形状

图 4.4.7　圆面积图

　　以上，我们讲解了使用 Python 分词和使用在线工具分词的两种方法。需要提醒的是，不同的分词途径，分词的结果可能不同（尤其是在语句比较复杂、生僻的情况下）。因此，对分词质量比较看重的读者有必要对比不同方法分词的效果，选择最优的方案。

4.4.2　周杰伦真的很爱唱"离开"吗

刚才，我们对周杰伦的歌曲进行了分词，然后发现"离开""回忆""微笑"等是出现频率最高的词语。但是我们知道，在日常措辞中，本来就有一些词语使用频率高于其他（比如常见的代词"我们""你们"）。因此，只看词语的绝对频次，似乎并不能真正说明周杰伦个人的用词特点是什么。更合理的方法，是将他的歌词和其他歌手的歌词进行比较，看看"离开"这个词汇是否在他的歌词中占比特别高。因此，我们将分析目标转换为一个"比较 + 占比"的问题。

使用与 4.4.1 节相同的数据预处理方法，我们又获得了歌手 A、B、C、D 的歌词数据，并进行分词。每个歌手的分词结果都被存在了一个 Excel 文件中。比如，表 4.4.2 展示了歌手 A 歌曲的高频词语，显然和周杰伦不太一样。

表 4.4.2　歌手 A 高频词语及词频

words	count
世界	57
爱情	45
为你	45
时间	44
感觉	44
也许	38
沉默	35
当你	35
永远	34
故事	33
……	……

之后，我们在这几位歌手的数据集中，分别计算每个词语出现的比重（该单词词频 / 总词频），然后找到周杰伦使用频率最高的前 10 个词语在其他歌手中占的比重。

表 4.4.3　周杰伦常用的词，其他歌手爱用吗

words	周杰伦占比	歌手 A 占比	歌手 B 占比	歌手 C 占比	歌手 D 占比
离开	0.47%	0.15%	0.09%	0.26%	0.15%

续表

words	周杰伦占比	歌手 A 占比	歌手 B 占比	歌手 C 占比	歌手 D 占比
回忆	0.41%	0.25%	0.27%	0.23%	0.09%
微笑	0.37%	0.29%	0.16%	0.12%	0.05%
不用	0.36%	0.16%	0.13%	0.29%	0.06%
想要	0.34%	0.28%	0.33%	0.32%	0.09%
爱情	0.33%	0.41%	0.43%	0.45%	0.23%
时间	0.31%	0.40%	0.35%	0.30%	0.21%
眼泪	0.29%	0.25%	0.26%	0.12%	0.10%
就像	0.28%	0.23%	0.19%	0.11%	#N/A
世界	0.26%	0.52%	0.75%	0.68%	0.39%

从表 4.4.3 中可以看到，周杰伦使用词语"离开""回忆""微笑""不用"的比例确实高出其他歌手许多。使用词语"想要"的比例则跟歌手 B、C 相似。使用词语"爱情"的比例低于歌手 A、B、C。使用词语"世界"的比例则明显低于其他 4 位歌手，尤其是歌手 B，使用词语"世界"的比例很高。

如何对这张表进行可视化呢？

根据第 2 章的知识，"比较 + 占比"一般可以用 100% 堆叠柱状图、100% 堆叠象形图来展示。不过，本案例的棘手之处在于，排在前 10 名的词语加总起来，比例也不过 3% 左右，如果用堆叠图来展示，那么我们的数据信息将会被压缩到几乎看不清。并且，由于我们想要同时分析 10 个词语，那么就还要在狭小的柱状图上分出 10 个区域，这在视觉上也会非常混乱。

这时候，我们只能转而思考有没有其他的最优解。通过观察表格可以发现，我们的主要目的是要呈现 10 个词语，并分别比较歌手 A、B、C、D 使用这 10 个词语的比例是否比周杰伦高。换句话说，我们的重点在于将歌手 A、B、C、D、周杰伦5 个维度进行比较。因此，这个问题也可以被视为一个多维度数据的比较问题。由于维度比较多，我们使用平行坐标系来进行可视化。

第一步，打开 Rawgraphs，将数据粘贴进去（见图 4.4.8）。注：为了让每根坐标轴的起始点都相同，笔者在数据的最后加入了两行占位数据，这样每个坐标轴的范围都会在 0 到 0.0075 之间。

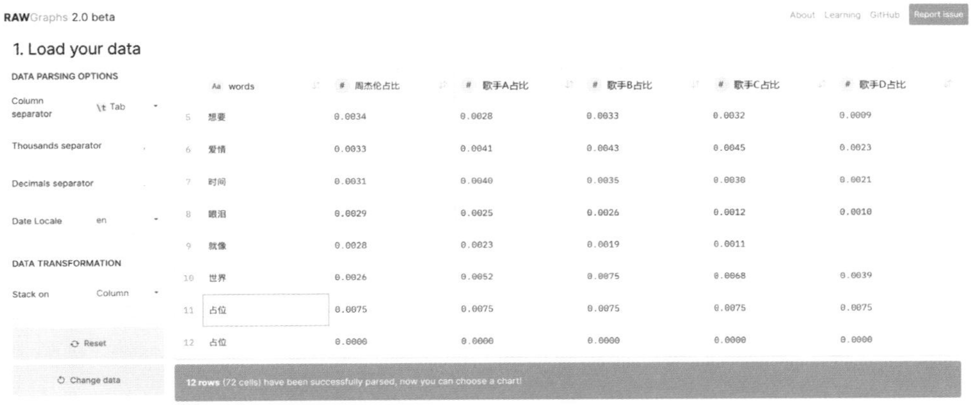

		Aa words		# 周杰伦占比		# 歌手A占比		# 歌手B占比		# 歌手C占比		# 歌手D占比	
5	想要		0.0034		0.0028		0.0033		0.0032		0.0009	
6	爱情		0.0033		0.0041		0.0043		0.0045		0.0023	
7	时间		0.0031		0.0040		0.0035		0.0030		0.0021	
8	眼泪		0.0029		0.0025		0.0026		0.0012		0.0010	
9	就像		0.0028		0.0023		0.0019		0.0011		
10	世界		0.0026		0.0052		0.0075		0.0068		0.0039	
11	占位		0.0075		0.0075		0.0075		0.0075		0.0075	
12	占位		0.0000		0.0000		0.0000		0.0000		0.0000	

图 4.4.8 粘贴数据

第二步，在图表中选择平行坐标系（Parallel coordinates）。

第三步，配置数据（见图 4.4.9）。

第四步，对图表的一些属性进行配置。比如，如图 4.4.10 所示，笔者将坐标轴切换为横向布局。配置完成后，下载 .svg 文件并用 AI 工具进行美化。

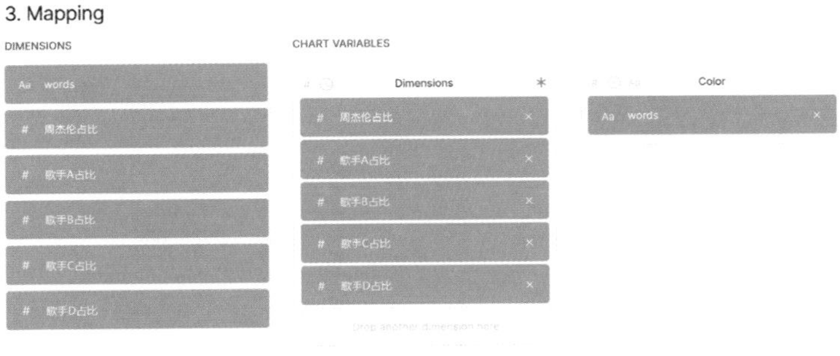

图 4.4.9 配置数据

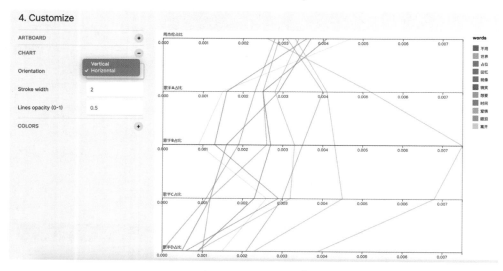

图 4.4.10　配置图表

最后的结果如图 4.4.11 所示。

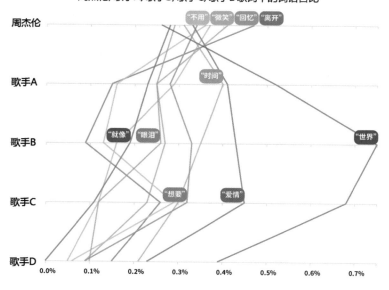

图 4.4.11　5 人歌词中的词语占比

笔者在设计上主要做了以下调整。第一，调整线条的颜色，按周杰伦使用频率最高的前 10 个词语排序，用光谱色着色（频率最高的词为紫色，频率最低的词为红色），这样可以辅助分辨单词的顺序。第二，将图例做到了线条上，而不是放在旁边。这样可以帮助读者更快地识别每根线条的意义。另外，在摆放图例时，将其摆在了占比最大的歌手的轴上。这样，我们就能更快地发现，哪个歌手用该词语更多。

从图 4.4.10 中我们可以看到，对这 5 人的歌词进行比较时，周杰伦唱"离开""回忆""微笑""不用"更多，歌手 A 唱"时间"更多，歌手 B 唱"就像""眼泪""世界"更多，歌手 C 唱"想要""爱情"更多。同时，从折线的弯折程度来看，"世界"和"离开"两个词在 5 人中的使用频率差异最大。

4.4.3　哪首歌最积极，哪首歌最消极

当然，分析所有歌词的词频，其实只能对一个歌手实现非常笼统的概括。接下来，我们试图去探究一些词频以外的东西，比如每首歌的情感。

要回答这个问题，需要我们对每一首歌曲分别进行分析。因此，在数据预处理时，方法与 4.4.1 节略有不同。首先仍然是找到所有"歌手"="周杰伦"的数据，代码如下。

```
import json
with open('lyrics.json','r') as f:
    data = json.load(f)
data_zjl = [item for item in data if item['singer']=='周杰伦']
```

然后，遍历 data_zjl 中的每一首歌，提取它们的歌词，单独存成一个 .txt 文件，放到名为"周杰伦"的文件夹中（见图 4.4.12），代码如下。

```
for item in data_zjl:
    with open("周杰伦/" + item['name'] +".txt","w") as outfile:
        outfile.write("\n".join(item['lyric']))
```

图 4.4.12　存储歌词文件

之后，我们需要使用一些专门做文本情感分析的库来帮助我们评估歌词的情感分值。这里我们用到的是 pysenti 库（安装：pip install pysenti）。这个 Python 库提供了两种情感计算方法。一种是基于"情感词典"的，即通过统计一些常见的积极 / 消极词汇的出现频率，计算情感的总积极 / 消极得分。另一种是基于"模型"的，这些模型往往是前人通过训练一些语料库得到的，如网购评论、新闻报道等。但是，因为本案例分析的歌词类文本比较缺乏既有的训练模型，我们就采用简单的"情感词典"方法。

首先，引入 os 库，读取"周杰伦"文件夹中的所有歌词文件名，代码如下。

```
import os
songs = os.listdir("./周杰伦")
```

然后，遍历这些歌词文件，读取其中的歌词内容（f），使用 pysenti 进行情感计算（r），并将每首歌的情感得分（r['score']）存入列表 sentiment_score 中。此外，我们还统计了每个歌词文件的字数，存入列表 song_length 中，代码如下。

```
sentiment_score = []
song_length = []
```

```
for song in songs:
    with open ("./周杰伦/" + song) as file:
        f = file.readlines()
        f = [line.strip('\n') for line in f]
        f = ''.join(f)
        r = pysenti.classify(f)
        sentiment_score.append(r['score'])
        song_length.append(len(f.strip()))
    print(song, r['score'])
```

最终我们把数据整理成一个 pandas 表格，代码如下，结果如表 4.4.4 所示。

```
sentiment_data = pd.DataFrame()
sentiment_data['song'] = songs
sentiment_data['sentiment_score'] = sentiment_score
sentiment_data['song_length'] = song_length
```

表 4.4.4　计算每首歌的情感得分和歌曲长度

song	sentiment_score	song_length
不能说的秘密 .txt	11.534964	360
轨迹 .txt	−6.986447	373
你好吗 .txt	17.758622	242
菊花台 .txt	2.360134	305
最长的电影 .txt	−11.041194	310
……	……	……

也可以把它以 Excel 格式存储到本地，代码如下。

```
sentiment_data.to_excel("sentiment_data.xlsx")
```

大部分歌曲的情感得分在正负 100 分左右，但是有些歌曲的得分异常高 / 低。例如，《晴天》被识别为一首非常消极的歌，得分为 −618824。这样的异常值会干扰我们对其余大部分数据的分析，因此需要先把它们剔除出去。回顾第 2 章，用于检测分布和异常值的图表主要有箱线图、小提琴图、蜂群图等。绘制箱线图的简单方法已在 4.1 节中讲到，可使用 Excel、Rawgraphs、Plotly 等非代码工具完成。因此，在这一案例中，我们继续使用 Python 来进行绘制，步骤很简单。

首先，接着刚才的代码，引入 seaborn 库用于绘图，代码如下。

```
import seaborn as sns
```

接着，绘制箱线图（boxplot），数据集为 data_sentiment，需要绘制的列为
sentiment_score，代码如下。

```
sns.boxplot(x="sentiment_score",data = data_sentiment)
```

输出结果如图 4.4.13 所示。

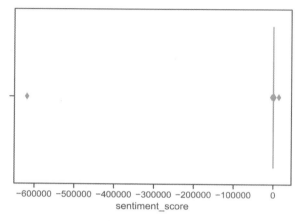

图 4.4.13　箱线图

图 4.4.13 中的菱形点代表异常值。可以看到，由于存在极端异常值，大部分数
据都已被挤压到无法看见。因此，我们将异常点从数据中剔除，直到箱线图中不再
有异常点。本案例中，我们一共剔除了 18 首歌，剔除异常值后的箱线图如图 4.4.14
所示。

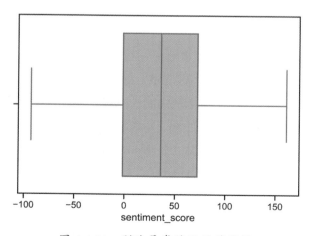

图 4.4.14　剔除异常值后的箱线图

也可以绘制小提琴图，代码如下。

```
sns.violinplot(x="sentiment_score", data = data_sentiment_remove_
outlier)
```

输出结果如图 4.4.15 所示。

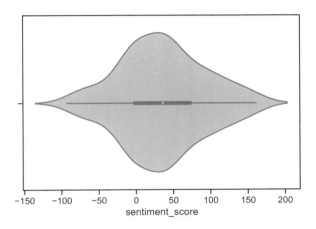

图 4.4.15　剔除异常值后的小提琴图

或者绘制蜂群图，代码如下。

```
sns.swarmplot(x="sentiment_score", data = data_sentiment_remove_
outlier)
```

输出结果如图 4.4.16 所示。

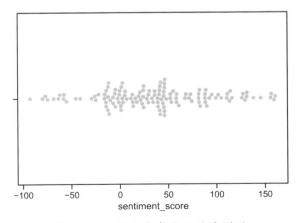

图 4.4.16　剔除异常值后的蜂群图

还可以把两种图结合起来，代码如下。

```
ax = sns.violinplot(x=" sentiment_score" , data=data_sentiment_remove_
outlier, inner=None)
ax = sns.swarmplot(x=" sentiment_score" , data=data_sentiment_remove_
outlier, color=" white" , edgecolor=" gray" )
```

输出结果如图 4.4.17 所示。

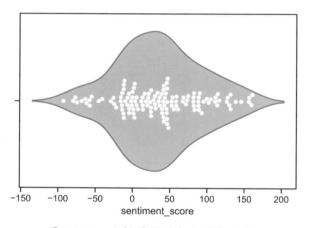

图 4.4.17　小提琴图结合分簇散点图

同样，将图片保存为 .svg 格式存储到本地，代码如下。

```
fig = ax.get_figure()
fig.savefig(" swarm.svg" )
```

之后，我们可以用 AI 工具打开保存的 .svg 图片，然后进行美化。比如，如图 4.4.18
所示，笔者将积极情绪和消极情绪进行了颜色上的区分，同时加上了一些图例和注释。

可以看到，程序对周杰伦歌词的情感分析结果显示，大部分歌的歌词是更偏积
极的，而明显负面的歌曲并不太多。但需要提醒的是，机器计算的结果有时并不一
定准确，尤其是对歌词这样带有艺术性的创作。比如，《心雨》这首歌里用了许多貌
似积极的词汇，如"鲜花""绿叶""圣诞卡"，因此最终得分非常积极。但是，实际
上作词人是用这些积极的意象去反衬失去爱情的痛苦。因此，在使用这类方法时，
还要注意检验结果的正确性。

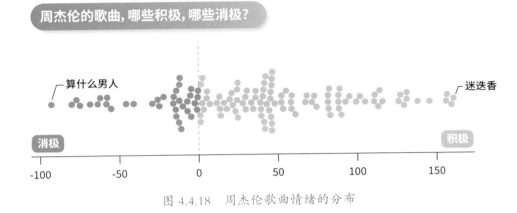

图 4.4.18 周杰伦歌曲情绪的分布

4.4.4 消极的歌会更长吗

4.4.3 节中，我们对歌词的情感分析，相对来说比较孤立，是否有可能叠加更多的信息呢？因此我们想到，是否有可能把歌词的情感和歌词的长度结合起来进行分析，消极的歌曲会更长吗？

还是使用我们在 4.4.3 节整理的数据，如表 4.4.5 所示。

表 4.4.5 每首歌的情感得分和歌曲长度

song	sentiment_score	song_length
不能说的秘密 .txt	11.534964	360
轨迹 .txt	−6.986447	373
你好吗 .txt	17.758622	242
菊花台 .txt	2.360134	305
最长的电影 .txt	−11.041194	310
……	……	……

由于是分析相关性，我们很容易想到散点图。第一种方法是直接在 Excel 中绘制：选定两列数据，单击"插入→散点图"命令。然后选中生成的散点图，单击"图表工具→添加元素→趋势线"命令。

而在 Python 中绘制的代码如下。

```
scatter_plot = sns.regplot(y="sentiment_score",x="song_length",
                data=sentiment_data_remove_outlier)

sns.set(rc={'figure.figsize':(10,10)})
sns.set_style('white')
fig = scatter_plot.get_figure()
fig.savefig("scatter.svg")
```

这一代码将生成带回归线及置信区间的散点图。笔者将其存储为 .svg 格式，用 AI 工具美化之后的结果如图 4.4.19 所示。可以发现，回归线的斜率为正，说明周杰伦的歌曲，总体来说，情感越积极歌词越长，这与我们一开始的假想恰恰相反。但同时我们也注意到，原始的数据点其实比较分散，离回归线较远。尤其是最右边的一个点（《以父之名》），其歌词长度超过了 1200 个字，同时也使得回归曲线在右侧发生了很大的不确定性。基于这样的结果，我们只能说周杰伦歌曲的积极程度与歌词长度之间存在着较弱的正相关关系。

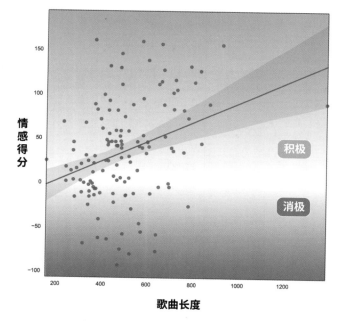

图 4.4.19　情感与歌曲长度的相关性

　　既然如此，我们也可以变换一下观察散点图的方式，将其分为 4 种歌曲类型："短
+ 积极""短 + 消极""长 + 积极""长 + 消极"。我们在图上画出分界线，其中"积极"
和"消极"的分界线是情感得分为 0 的地方，"短"和"长"的分界线取的是歌词长
度的平均值，大约是 498 个字。结果如图 4.4.20 所示。

　　从图 4.4.20 中可以发现，周杰伦最常唱的是短、中长度 + 积极的歌曲（长度在
500 字左右，情绪得分在 50 所有），以及较短 + 低度消极的歌曲（长度在 300 字左右，
情绪得分在 −20 左右），这某种程度上影响了图 4.4.19 中回归线的走向。但同时我
们看到，还有许多歌偏离在这个趋势之外，比如，短 + 高度积极的《迷迭香》，很长
+ 中等积极的《以父之名》，以及较长 + 低度消极的《三年二班》。

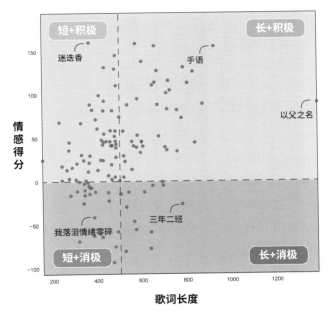

图 4.4.20　分区查看散点图

❺ 精益求精
打磨可视化设计

从第 4 章的讲解中你或许已经感受到，要想让可视化图表真正可读、易读，引人入胜，设计的作用功不可没。并且，需要强调的是，尽管与一般的平面设计、交互设计有诸多共通之处（例如色彩和排版的美学），可视化设计也有它自身的特性，即，以数据为核心。换言之，可视化中的各种设计要素（如颜色、形状、反差等），并非纯粹的艺术性元素，而是需要适应数据的特征。

下面，笔者总结了 4 个打磨可视化设计的维度，供读者参考。它们分别是数据的准确性、设计的可读性、传达的有效性和信息的完整性。

5.1 数据的准确性

可视化的设计需要准确地反映数据，防止带有误导性的、欺骗性的视觉效果。这一点，无论是经典的可视化理论丛书还是著名的实操类书籍，都在反复提及。以下，我们列举一些典型的误导性设计。

第一种常见的误导性设计，是随意改变数据的尺度。

这类操作的一种典型表现是人为地切割坐标轴。尤其是在柱状图这样的图表中，这一行为将导致数据之间的比例关系失调，从而欺骗读者的眼睛。例如，图 5.1.1 所示为用两个不同的柱状图呈现了一份相同的数据。其中，左侧柱状图的 y 轴，起始点为 0，而右侧柱状图的 y 轴，则是从 20 起始的。很明显，在右侧的设计中，数值之间的距离仿佛被拉远了，差距看上去更大。可见，随意截取坐标轴，可能会导致数值之间比例失真。甚至，读者可能根本不会注意到坐标轴的玄机，而只草草记住了一眼看到的结果。

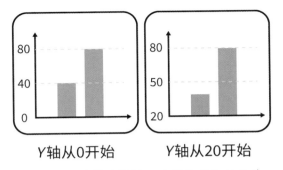

图 5.1.1　同样的数据，不同的坐标轴设计

当然，比起截取坐标轴，还有一些手法还更为"鲁莽"。

例如，图 5.1.2 所示为 2020 年美国总统大选中一张为拜登拉票的海报。其中，在俄亥俄州（Ohio），拜登的数据略低于特朗普，但柱子的设计却超过了特朗普。这显然是具有误导性的。

再如，2020 年东京奥运会期间，雅虎体育推出了一个奖牌排行榜的可视化设计（见图 5.1.3），但奖牌的数量与条形图的宽度却不成比例，让人疑惑。

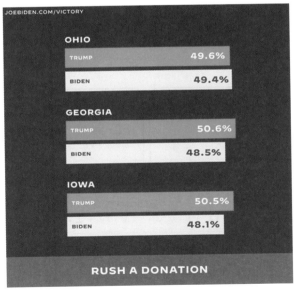

图 5.1.2　政治选举中失真的柱状图 [1]

1　Facebook of Kamala Harris, 2021

图 5.1.3　不成比例的奥运奖牌统计 [1]

第二种常见的误导性设计,是"面积""体积"等视觉通道与"长度"通道的混淆。

例如，在使用圆面积图来呈现数值时，数据的映射对象应当是圆的面积，而非半径。由于圆面积等于 π 乘半径的平方，如果绘图者将数据映射到半径，那么最终绘制出来的圆面积将随着半径翻倍。

如图 5.1.4 所示,假如我们想可视化一份关系为 1：2 的数据,左侧是正确的设计,其面积比为 1：2，对应的半径比为 1：$\sqrt{2}$。而右侧的设计，则是错误地将数据映射到了半径上，导致实际的面积比变成了 1：4。

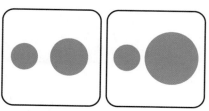

S1：S2 = 1：2　　S1：S2 = 1：4
r1：r2 = 1：$\sqrt{2}$　　**r1：r2 = 1：2**

图 5.1.4　面积 1：2（左）与半径 1：2（右）

1　yahoo!sports, Medal Race, 2021

在实践中，如果要避免这类错误，绘图者有必要先了解自己手中的工具是如何生成面积图的。例如，在 Adobe illustrator 中生成圆形时，用户输入的数据直接会被对应到圆面积，因此无须做更多处理。而在 D3.js 等前端工具中画圆时，用户往往需要指定圆的半径。这时候，我们就需要先对数据做开方处理，然后将开方后的数值作为半径输入程序。

第三种常见的误导性设计来自不恰当的数据映射和图表选择。

我们知道，每种图表都有自身的功能和适用的数据类型。如果违背了这些规则，则数据映射会出现错误，图表可能根本无法被绘制出来。例如，折线图一般被用来展示时间上的变化趋势，必须要依托于一个时间类变量；散点图展现的是两个数值之间的关系，因此需要两个连续型变量。目前，对于数据字段和图表类型明显不匹配的情况，一些工具里都会有相应的提示。比如，在 Tableau 中绘图时，如果我们拖入面板的数据字段不符合绘制某个图表的要求，则该图表的选项会呈现灰色，即不可绘制。

有的情况相对隐蔽——虽然能够绘制出图表，但图表的设计是无效的。

例如，饼图本来应当展现各个类别的占比关系，输入饼图的分类数据，必须能构成一个 100% 的整体（例如，地球上的人种有白种人、黄种人、黑种人和棕种人）。但相反，如果这些类别并不构成 100% 的整体（例如，只对比白种人、棕种人、黑种人），使用饼图就是不恰当的，而应改为用于比较类别的柱状图等。

再如，图 5.1.5 所示的散点图，意在展现不同国家汽车的参数，其 x 轴表示汽车的马力，y 轴表示车子加满 1 加仑（1 加仑 ≈ 3.785 升）汽油能行驶的距离。在左边的图表中，设计者用了散点的面积表示汽车生产国 / 地区（欧洲、日本、美国）。这样的设计虽然可以被绘制出来，但显然是不恰当的，因为生产国 / 地区是一个分类变量，不宜用面积这样连续的视觉通道来表示，更合理的方式是用不同的颜色来代表国家 / 地区（见图 5.1.5 右侧）。目前，一些工具（如 VizLinter，见本章参考资料 [3]）也已经被开发出来，帮助用户在制作图表时修正不合理的数据映射方案。

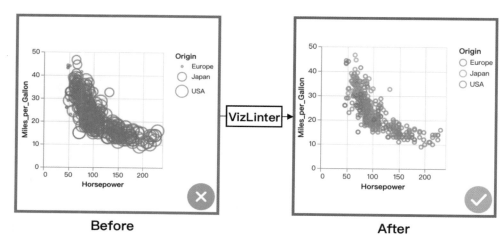

图 5.1.5 不恰当的数据映射

此外，一些长相相似，但实际上映射了不同数据的图表，也值得我们注意。

一个典型例子就是玫瑰图。由于玫瑰图的外观非常引人入胜，它也常常被用作常规图表的替代品，并出现了各种各样的画法。

比如，图 5.1.6 所示的两个形如"玫瑰图"的图表均是由 Apache Echarts 模板绘制的。它们所用的数据完全相同：A 等于 100，B 等于 200，C 等于 300，D 等于 400，E 等于 500。

但如果我们仔细观察，就能发现这两个玫瑰图有着很不一样的数据映射方式。左边的玫瑰图，采用了与南丁格尔在创造玫瑰图时一致的手法——保持所有的扇形角度相同，然后把数据映射到扇形的高度上，因此相当于一个具有扇形外观的柱状图。而右边的玫瑰图设计，则是在把数据映射到扇形高度的同时，还把各个类别的占比映射到了扇形的角度上，因此导致各个类别的高度和角度都不同。

显然，这两种数据映射方式也带来了很不同的数据呈现。原本，玫瑰图就有放大数据的作用——根据原始数据，E 是 A 的 5 倍，而在图 5.1.6 左图中，我们会觉得扇形 E 远不止扇形 A 的 5 倍。而图 5.1.6 右图这种设计，更是将数据之间的差异放得更大，E 看上去似乎是 A 的几十倍。总之，在用工具绘制玫瑰图时，读者有必要分辨清楚它究竟用了哪种数据映射方法，明了其对于数据可能产生夸大作用，并判断其是否适合呈现现有的数据。

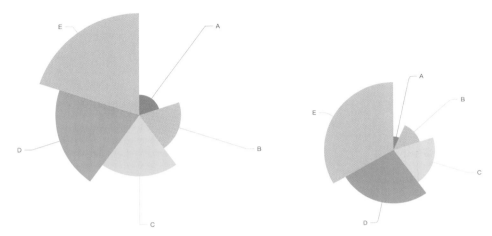

图 5.1.6　Apache Echarts 中的两种玫瑰图

除玫瑰图外，还有一些长相类似的图表，也容易混淆，如柱状图与直方图、折线图与密度图（见图 5.1.7 ）等。这些图表亦是乍看雷同，但实际表达的含义完全不同。总而言之，只有我们非常了解自己的数据、理解不同图表映射数据的方式，才能避免图表的误用。

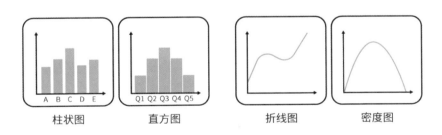

图 5.1.7　外表相似，但实质不同的图表。柱状图和折线图分别表示数据的
分类和趋势，而直方图和密度图是呈现数据的分布

第四种常见的误导性设计是 3D 类的图表，这也是历来争议比较多的一种图表设计方法。

反对 3D 图表的一派认为，透视的存在，会让人眼对数据的感知准确度下降。图 5.1.8 所示为 Edward Tufte 所著书中的一个案例（见本章参考资料 [1] ）。该图用了一个延伸的跑道来展示美国汽车燃油标准的变化。最远的一根横线表示，在 1978 年，

1 加仑（1 加仑 ≈ 3.785 升）汽油至少能保证行驶 18 英里（18 英里 ≈ 28.968 千米）。
最近的一根横线表示，在 1985 年，1 加仑汽油至少要能保证行驶 27.5 英里。可以发现，
由于 3D 透视的关系，这两根线的比例也被拉大了。因此接着，Tufte 计算了这张图
的"说谎指数"（Lie factor），即用图形的比例关系除以数据的比例关系，最后得出
这张图的说谎指数高达 14.8（而正常、未扭曲的图表，说谎指数应当在 1 左右）。这
个例子也有力地说明了，3D 空间扭曲可能使数据之间的差异被不必要地夸大或缩小，
从而导致偏见的发生，对于统计图来说尤其如此。这也是很多可视化教程都不建议
用户使用 3D 柱状图、3D 饼图等图表的原因。

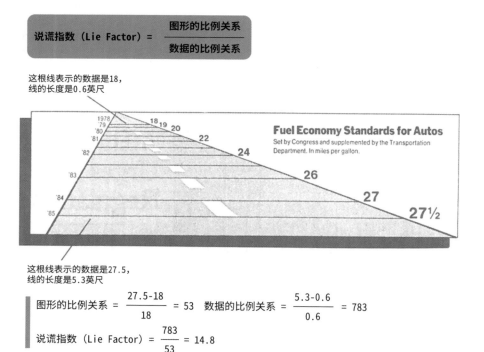

图 5.1.8　用"说谎指数"评估 3D 图表对数据的扭曲

但从审美的角度来说，3D 的设计在视觉上的确较 2D 更加有层次感。同时，在
平面设计领域，3D、2.5D 本身就作为一种视觉风格而存在。因此，对于一些强调
美感和风格的可视化设计，立体元素依然被广泛使用。例如，图 5.1.9 所示的 2.5D
的绘图风格。用于展现数据的矩形都"侧躺"在画布上，同时，数据标签则是直立
地"站"在矩形上。

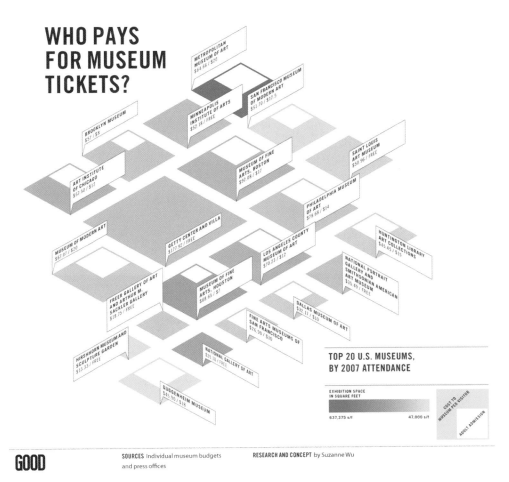

图 5.1.9　2.5D 设计风格 [1]

　　再者，近年来，由于交互技术和动画技术的加持，3D 也在数据探索和数据叙事方面体现出优势，这在某种程度上可以抵消它在扭曲数据上的"原罪"。例如，图 5.1.10 所示为一个展现编程语言热门度的可视化。作者对其学校图书馆借出的编程语言书籍进行了统计，用一个 3D 的螺旋结构来展现借书量随时间的变化。用户可以对这一可视化进行拖拉、旋转等操作，还可以转换观看螺旋的视角（图 5.1.10 分别对应了平视和俯视的视角）。这种设计展现了 3D 在展现大规模、多维度数据，以及帮助用户进行数据探索方面的优势。

<hr>

1　GOOD, Who pays for museum tickets, 2008

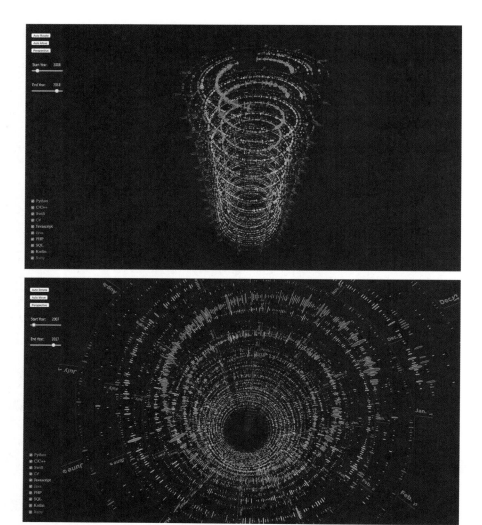

图 5.1.10　在 3D 空间中自由探索数据[1]

　　同时，3D 也适合用在本来就具有空间属性的数据上。例如，图 5.1.11（见本章参考资料 [4]）就采用 VR 技术来呈现了一个 3D 的运动场，对奥运会上跑得最快的短跑运动员进行了可视化，这实际上就是通过 3D 空间来还原"速度"这一数据。

　　总之，我们在使用 3D 设计时，有必要考虑到场景的适宜性，并意识到可能的数值扭曲问题，以及是否有可能通过其他手法削弱数据扭曲，保证数据的准确性。

1　Boning Dong, Programming Languages Trend

图 5.1.11   VR 数据故事

5.2 设计的可读性

一个成功的可视化设计还需要保证设计的可读性，即让读者可以比较容易地阅读。

影响图表可读性的第一个因素是颜色。

首先，在设计图表时，我们需要仔细思考使用何种背景色。这个颜色会影响图表的整体观感，并很大程度上决定读者看图时眼睛的疲劳程度。一般而言，白色、黑色的背景是最常用的背景色，有时候，为了减轻这两个颜色对眼睛的刺激，也可以使用米白色或深灰色。反之，如果使用大红大绿这样浓烈的颜色作为背景色，则可能增加阅读难度。

当然，从设计风格上说，如果一味使用黑白这样的中性色作为背景，也有可能使得图表的个性不太突出，难以让人过目不忘。在这方面，英国《金融时报》从一百多年前就开始了尝试,其通过减少报纸的漂白程序,让报纸呈现出一点粉橘色(也称三文鱼色)。这一背景色在不影响可读性的同时,还能使用户一眼就能将它与其他报纸区分开来(见图 5.2.1)。现在,《金融时报》的网站仍然保持了这一主色,并且其设计的图表也都以粉橘色为背景。

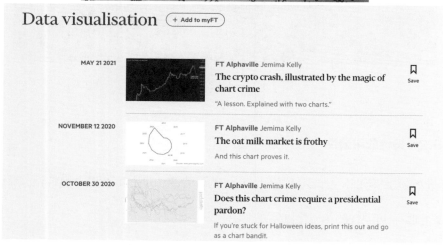

图 5.2.1 网页版《金融时报》继承了实体报纸的背景色

其次,我们需要考虑前景色和背景色之间的对比度。颜色的视觉明度是不同的,如果将明度接近的两个颜色放在一起(如红色和橙色),则双方都无法突出。如果将明度亮和暗的颜色放在一起(如黑色和白色),则亮的一方会非常突出。

如图 5.2.2 所示,笔者绘制了几种不同的"前景 + 背景"组合。可以看到,随着背景的加深,前景和背景之间的明度差异开始变化,阅读难度也完全不同。

图 5.2.2 背景色对图表可读性的影响

目前,世界上已经形成了颜色对比度的标准建议,收录于《Web 内容无障碍指南》中。其中,AA 级别的标准被大多数的内容制作者所采纳,它要求对于一般的文字来说,前景色和背景色的对比度至少要达到 4.5 ∶ 1。对于字号很大的文字来说,这个对比度至少要达到 3 ∶ 1。用户界面上的图形元素,跟背景色的对比度也至少要达到 3 ∶ 1。迁移到可视化设计上来说,这意味着图表中图形元素的颜色,最好与背景色的对比达到 3 ∶ 1,而较小的文字元素(如数据标签、图例等),与背景色的对比度要满足 4.5 ∶ 1。

很多在线网站都可以帮助我们确认配色的合规性。比如,在 Color Contrast Checker 网站中,我们可以输入文字的颜色、背景的颜色,然后就可以预览两者叠加的效果,以及查看对比度得分。如图 5.2.3 所示,用黑色的字体叠加蓝色的背景,对比度得分是 8.42,满足可读性要求。

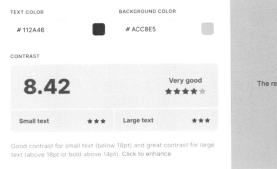
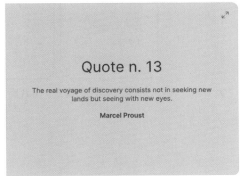

图 5.2.3 对比度检测工具

再次，在对数据进行着色时，我们需要考虑，颜色是否有助于我们阅读数据。对于分类数据而言，颜色应当帮助我们辨别不同的类别。因此，在这种情形下，一般会使用不同的色相（如红、绿、蓝）来着色，使得颜色之间的区分度尽量大。相反，如果使用同色相的颜色（如深绿、中绿、浅绿）来呈现分类数据，则是不够清晰的，如图 5.2.4 所示。

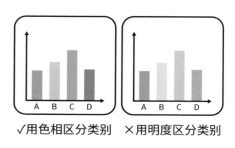

图 5.2.4　用不同的配色来展示分类数据

反之，对于连续型数值而言，颜色应当帮助我们识别数值的高低。此时，我们应当使用连续型的颜色（如从浅绿到深绿），而非不同色相的颜色。同时，我们还应注意颜色的"方向性"，即深色一般对应更大的数值，浅色一般对应更小的数值。如果用反了颜色的方向，则可能使读者产生误导。此外，在遇到同时具有正负值的数据（比如温度）时，可以采用双色的背离配色（diverging color palette），如"蓝—白—红"。其中，白色表示取值为 0。当数据为负数时，数值越大则颜色越蓝；当数据为正数时，数值越大则颜色越红，如图 5.2.5 所示。

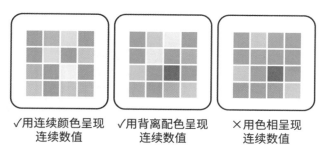

图 5.2.5　用不同的配色来展示连续型数据

市面上有很多工具都可以帮助我们选择色盘，如 Adobe Color、Colors.co、i want hue 等。比如，Adobe Color 支持通过色轮来选色，包括单色、类比色、三元群、互补色等（见图 5.2.6）。

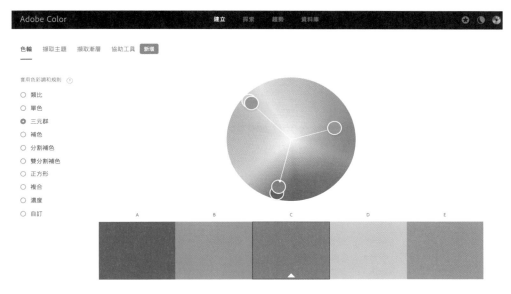

图 5.2.6　Adobe Color 取色界面

i want hue 支持用户选择自定义的颜色范围，然后通过聚类算法，算出一个差异度比较高的配色方案，并显示这些颜色两两之间的对比度。例如，如图 5.2.7 所示，共生成了 5 个主色，且紫红色和绿色之间的对比度最高，紫红色和蓝色之间的对比度最差，不宜用作前景和背景的搭配。

Color Brewer 是一个主要为地图配色的工具。在左边的配置栏里，你可以配置所需颜色的数量，色盘的类型（连续型：sequential，背离型：diverging，分类型：qualitative）。比较特别的是，Color Brewer 还可以设置是否"对色盲友好"（colorblind safe）、"打印友好"（print friendly）以及"复印友好"（photocopy safe）。这 3 个"友好选项"使得配色可以适用于大多数人群和场景的需求（见图 5.2.8）。

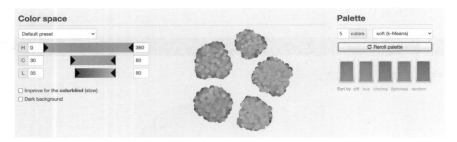

图 5.2.7　i want hue 取色界面

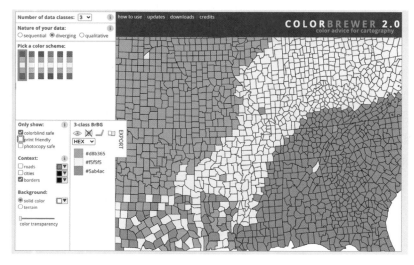

图 5.2.8　Color Brewer 取色界面

影响图表可读性的第二个因素是视觉复杂度。如果图表上的元素过多，或者元素之间互相堆叠缠绕，也会导致图表很难读。

例如，图 5.2.9 展示了一个常见的"低可读性"情形——饼图里有太多的扇形，导致扇形之间失去区分度，比例小的扇形甚至完全不可阅读。再如，如图 5.2.10 所示，线条之间存在较多重叠，分辨起来也难度较高。

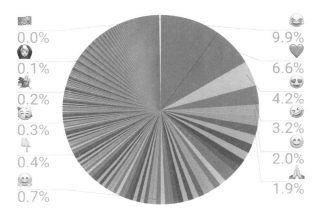

图 5.2.9 有过多分类的饼图

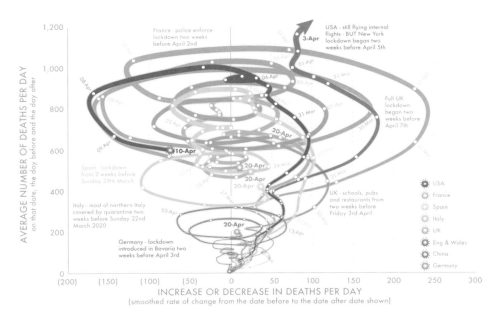

图 5.2.10 视觉上缠绕比较严重的例子

　　究其原因，以上这些可读性不够高的设计，一是受到了信息量的影响。如果一张图中数据量很大，那么在有限的空间内我们很难面面俱到地展示所有数据，且读者也可能面临信息过载。二则是受可视化方法的影响。面对同样量级的信息，不同的可视化手法传递信息的效率会有所不同。例如，如果图 5.2.9 中所示的数据使用柱状图绘制，则至少不会出现比例小的扇形完全不可读的问题。

　　因此，一个清晰的图表，首先应该具有合适的信息量，其次还要将这些信息以适当的可视化方法组织起来。

　　再进一步，当画面上存在多个图表或视图时，设计者还应考虑读者的阅读动线，给予读者一个比较明确的阅读顺序。图 5.2.11 展示了信息图中一些常见的排版结构。常见排版形式包括直线形排版、蛇形排版、梯子形排版、环状排版等。可以发现，这些排版大都遵循了线性的顺序，并且在视觉上也是比较对称的。这样的设计更符合人脑的阅读习惯，可以降低阅读的难度。

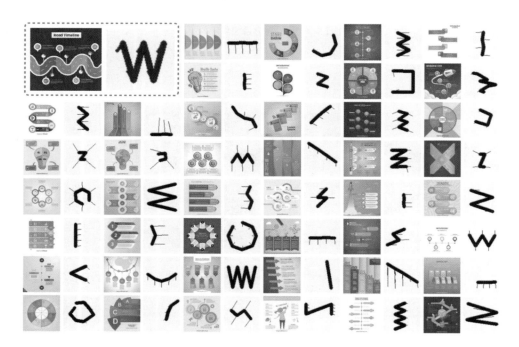

图 5.2.11　研究者们通过分析上万张信息图，提取出常见的排版方法

（见本章参考资料 [5]）

影响图表可读性的第三个因素是字体。

虽然可视化设计的主体是图形，但文字性的元素（如数据标签、标题、图注等）对于整个阅读体验来说也非常重要。我们在设计图表时，有必要确认所用字体的大小，确保其可读。另外，最好还要在即将发布的设备上进行测试。例如，同样一张 16 ∶ 9 尺寸的图片，在电脑屏幕上会显得很宽、很大，在手机屏幕上则会很窄、很小，从而影响文字的可读性。

还有一个比较容易被忽略的要素是文字的朝向。随着越来越多径向的图表被广泛应用，如何在圆形周围放置文字成为一个问题。在许多工具中，默认的效果是让文字位置与圆的角度直接挂钩。例如，图 5.2.12 所示的第一幅示意图，就是让文字的左侧起始处始终正对圆心。图 5.2.12 所示的第二幅示意图，则是让文字的底部中心处始终正对圆心，即，该位置距离 12 点钟方向偏离了多少角度，文字就随之旋转多少角度。这两种逻辑都很简单、明确，却容易导致文字颠倒的问题。比如，在阅读上述两张图时，225、270、315 等数字读起来都并不容易。试想，当数据量很大、文字很密集的时候，这样的设计就会大大增加阅读负担。

那么，我们应当如何解决这一问题呢？一种优化方式，是让文字的旋转方式更符合人眼的阅读习惯。例如，图 5.2.13 所示的第三幅示意图中的"45"沿 12 点钟旋转了 45 度，"315"则是旋转了 −45 度，这种对称的旋转方式，可以保证读者在阅读"45"和"315"时都大致遵从从左到右的顺序。还有一种方式，则是始终保持文字是水平的（见图 5.2.13 的第四幅示意图），同时让文字的摆放位置仍然对齐半径的延伸方向。这样既方便阅读，又保持了视觉上的平衡感。在第 4 章的 4.1 节中（见图 4.1.11），我们就是用设计软件手动完成了这一操作。

可见，即使是一个微小的设计选择，也会对设计的可读性产生明显的影响。一个对用户真正友好的数据可视化设计，确实是需要细细打磨的。

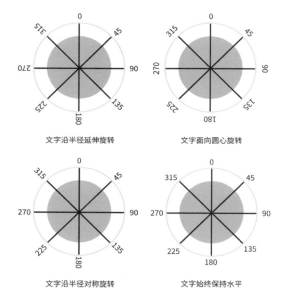

文字沿半径延伸旋转　　　　文字面向圆心旋转

文字沿半径对称旋转　　　　文字始终保持水平

图 5.2.12　圆形布局下，字体的朝向可能影响阅读的难度

5.3　传达的有效性

在保证图表可读性的基础上，图表的制作者还需要思考，怎样才能把自己想要表达的信息，更有效地传达给受众。比如，在办公场景中，怎么制作报表，才能让管理层更快地看到重要的数据结论；在演讲场景中，怎么设计图表，才能吸引听众的注意力、提升演讲的效果；在新闻场景中，如何利用图表，来促进公众理解某件事情的严肃性，从而引发对该议题的关注、讨论。

以上这些问题，归根到底都是数据的沟通问题。而有效的沟通，需要我们站在受众的角度去思考，他们需要什么？他们能够接受什么？他们可以得到什么？

关于如何使用数据可视化进行有效沟通，不少书籍中都有所涉及。例如，《用数据讲故事》（见本章参考资料 [6]）一书主要讲解了商务办公场景下的数据沟通。《不只是美：信息图表设计原理与经典案例》一书（见本章参考资料 [2]）则讲解了如何让图表尽量清晰、简洁地传达意义。其中论述的许多方法，与可视化设计理论和原则不谋而合。综合相关文献，笔者将要点总结如下。

第一，图表尽量简洁直观。

根据可视化经典的"数据墨水"理论（见本章参考资料[1]），绘图者应当把墨水用在必要的地方，同时减少不必要的干扰元素。所谓不必要的干扰元素，指的是删除之后也不影响信息传达的设计元素。

例如，图 5.3.1（上）所示的图表，就属于"低数据墨水"的设计，很多设计元素都是可以删除的。图 5.3.1（下）所示的图表是我们调整了数据墨水之后的结果。具体而言，我们删除了没有意义的灰色背景、数据刻度线。同时，由于数据已经有了数据标签，我们把网格线也进行了删除。修改完毕的图表，整体视觉看上去更加简洁了。

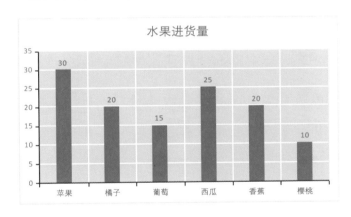

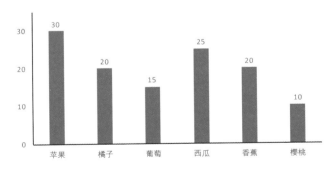

图 5.3.1　低数据墨水（上），图表中有很多无效的框线、填色；
高数据墨水（下），数据更加清晰简洁

第二，注重信息的层次，突出重点信息，弱化不重要的信息。

常用的手法如图 5.3.2 所示，包括：使用显眼的颜色（如高饱和、高明度的红色）突出主要信息，使用低饱和、低明度的颜色（如灰色）来削弱次要信息，反衬主要信息；对重要元素使用大尺寸，对次要元素使用小尺寸；对重要的元素添加背景色、装饰、注释线；区分关键信息的位置和运动，等等。

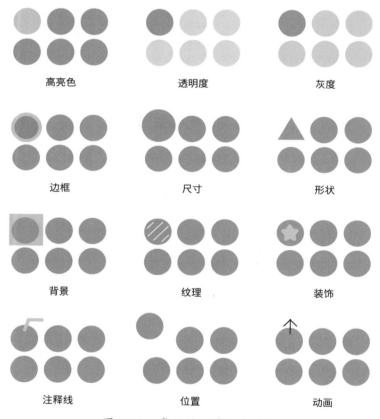

图 5.3.2　常见的视觉突出手法

在许许多多的可视化设计中，我们都可以看到以上这些手法。例如，图 5.3.3 所示的信息图来自联合国儿童基金会。这张图通过叠加使用增大字号、加粗关键词、制造强烈的颜色对比等多个视觉突出手法，叙述了中东和北非地区严重的儿童营养不良问题。这样一来，读者一眼看过去就能感受到较强的视觉冲击力，并可集中于可视化中的关键信息。

图 5.3.3　讲述儿童营养不良的信息图[1]

第三，提供总结和引导性的信息。

例如，把图表中的主要发现凝练成为标题，让读者读到图表的时候，一眼就能理解它的中心主旨；提供图解和注释，帮助读者以最快的速度理解图表的含义。

图 5.3.4 展示了无引导图表与有引导图表的差别。可以看到，无引导图表的设计，只是对图表的总体描摹，而没有说明图表中的主要发现，这会导致读者在阅读图表时，需要自己去探寻数据的结论。相反，有引导图表的设计，将核心发现都清楚地总结了出来，有一种带领读者去阅读数据的感觉。从视觉传达的角度讲，后一种设计的传达内容是更加明确的。

1　UNICEF，Nutrition infographics

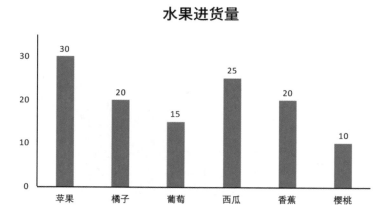

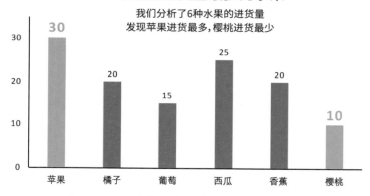

图 5.3.4　无引导图表与有引导图表的对比

　　还有一项常被忽略的设计元素是图例。对于一些比较复杂的图表来说（例如多系列的折线图），读者往往需要先阅读图例才知道图表上各个元素代表的含义。如果图例位于离数据较远的地方，则读者有可能会忽略图例，或者需要不断在图例和图表之间切换视角。因此，在可能的情况下，我们可以尽量将图例放在离数据较近的地方，或者用一些便于识别的图标来帮助读者更快识别图例的意义（见图 5.3.5）。

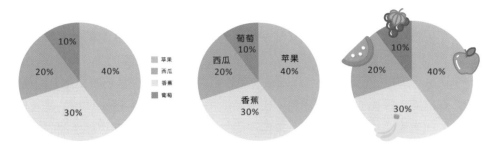

图 5.3.5　不同图例设计的对比

第四，尊重人们约定俗成的心理习惯。

在长期的自然演化和社会生活中，人类形成了一些特定的思维习惯。例如，在绝大部分文化里，时间是从左向右延伸的，人们的阅读习惯也是先左后右。如图 5.3.6 所示的设计就违背了人们的阅读习惯。这幅图的 x 轴，从左到右分别是 2021、2020、2019、2018 年，与我们平常的习惯恰恰相反，从而导致阅读起来非常不适。如果读者没有仔细查看 x 轴，而是直接去阅读折线的趋势，则可能得到与事实刚刚相反的信息。可见，在做图表设计时，强行违背人的阅读习惯，是不可取的。

图 5.3.6　x 轴颠倒的折线图 [1]

再如，很多有关性别的设计，都遵从"男左女右"的习惯。以上这些，都是关于"位置"的习惯。如果我们在设计中违反了这些习惯，那么也有可能影响信息的传达。

1　CNN's Cuomo Prime Time broadcast, photoed by Katelyn Gadd, 2021

除"位置"外，"颜色"也具有很多约定俗成的含义。仍以性别为例，在一般的设计中，男性会被赋予蓝色，而女性会被赋予红色，这是颜色带有的社会意义。颜色也具有情绪上的意义，一个积极、愉悦的话题，一般对应着明亮、温暖的色调；而一个消极、沉重的话题，则可以对应灰暗、阴冷的色调。颜色还有文化上的意义，比如，在欧美，婚礼的主色是白色，代表圣洁和纯真；但在我国，传统的婚礼以红色为主，代表喜庆和福气。因此，来自不同文化背景的人，在解读颜色时，可能是存在差异的。

图 5.3.7 所示的可视化项目，就对不同语言中的颜色词汇进行了分析。结果显示，在中文中，与红色有关的词汇特别多，并且有许许多多细分程度很高的形容词，如腥红、鲑红、暗鲑红等。而在英语、韩语等语言中，蓝色则是最具主导性的颜色。

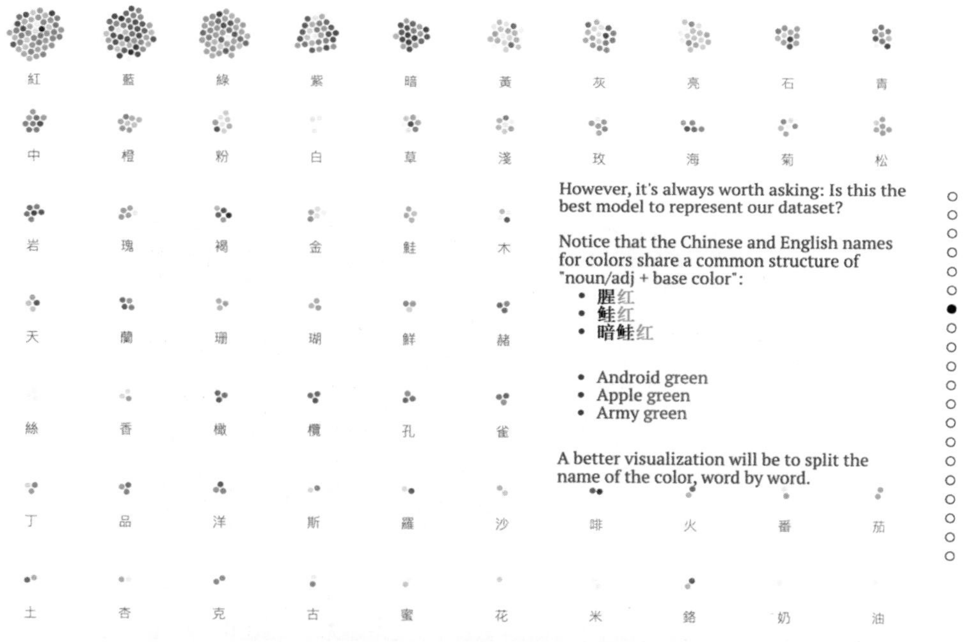

图 5.3.7　对中文的颜色词汇进行分析后，发现中国人尤其偏爱红色[1]

第五，重视数据的接近性。

"接近性"指的是你的受众在多大程度上认为该数据可视化与他 / 她相关。在选

1　Muyueh Lee, Green Honey, 2014

取数据可视化的内容时，我们可以考虑接近性原则。例如，如果读者是上海市居民，那么比起其他省市的数据，上海本地的数据与这些读者更加接近。相反，如果讲述的数据过于私人化、过于小众，或者与目标读者完全不相关，那么，这一作品将难以与读者形成联结。如果读者并不能感受到可视化设计与他/她有关、感受不到去阅读它的理由，那么即使是一幅精妙的设计，也可能不被注意到。

如果希望提升可视化设计的传播力，那么提升设计的接近性就十分必要了。例如，在新型冠状病毒感染疫情初期，有许多可视化作品都致力于向民众科普隔离的重要性。但是，如果只是摆出一些统计数字和图表，普通人真的能理解隔离背后的科学道理和不隔离的严重性吗？大家真的会关心这些冷冰冰的数据吗？于是，图 5.3.8 所示的项目做了一个尝试，让用户玩一次模拟疫情传播的游戏。用户可以自己选择本周的出门次数，然后直观地看到自己的行为导致社区里多了多少新增病例。同时，界面上还会出现医院病床数、疫情增长曲线等数据，让人能够理解，哪怕只有少量的出门次数，也会给整个社区带来严重的影响。像这样一种将用户本人作为主人公的做法，可以很明显地拉近人与数据之间的距离，从而辅助信息的有效传达。

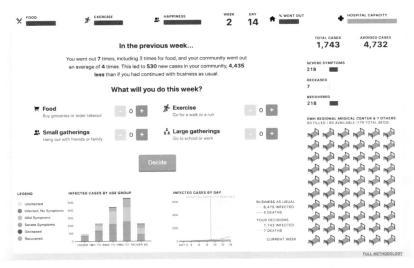

图 5.3.8　模拟疫情社区传播的可视化游戏[1]

此外，接近性法则也适用于数据的表述。由于数据本身是一种对现象的抽象表示，所以人脑对数字的理解是有局限性的。比如，当我们说到一个很大的数字时（如亿、兆、

1　Shirley Wu & Stephen Osserman, People of the Pandemic, 2020

光年），人脑几乎很难想象这个数字意味着什么，又如何与自己有关。相反，如果我们可以将这些数字，用一般人都容易理解、想象的尺度来衡量，则会大大提高数字的接近性。

　　例如，在讲到健康饮食时，我们往往被告知，要避免摄入太多"含糖量高"的食物。但是，一般人很难感知，到底什么样的含糖量算高，更难以想象这些糖会如何影响我们的身体。而图 5.3.9 就对这一抽象的数据进行了可视化。它将食物的含糖量转换为一块块肉眼可见的方糖，成功地化抽象为具体。通过这一设计，我们立刻就能意识到，喝一瓶可乐约等于吃下了十几块方糖，足见其含糖量之高。此外，像葡萄、苹果这样看似少糖的水果，实际的含糖量也并不低（约等于五六块方糖）。

图 5.3.9　用堆积的方糖来理解食物的含糖量[1]

　　类似地，还有人用袋装的糖来对"含糖量"进行可视化，用实物摆设营造出类似柱状图的效果（见图 5.3.10）。

1　Sugar stacks, 2009

图 5.3.10　用袋装的白糖来展示含糖量[1]

　　另一种提升接近性的方法是降低数据可视化的抽象程度，尽量给读者提供更多实实在在的细节。图 5.3.11 展示了一个例子。同样是表现公务员考试的激烈程度，上方的可视化是抽象程度较高的 100% 柱状图。从这个图上，我们只能看到一个很低的录取率，而感受不到具体的人。下方的可视化是抽象程度较低的单元可视化，每一个小圆形代表一个人，这样一来，我们可以更直观地感受到一个考生平均需要打败 59 个人才能被录取。

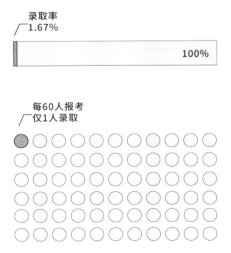

图 5.3.11　同样表现录取率，不同可视化给人的具象程度不同

1　Rethink your drink, 2009

正是因为单元可视化这种具象的特性，它被应用在了许多与"人"有关的可视化作品中。比如，图 5.3.12 对 2020 年世界上殉职的记者进行了可视化，共计 50 人。图中每一个点，就代表一名去世的记者，同时根据去世原因进行了分组（包括：战争交火、危险任务、被谋杀、原因不明）。用户可以通过与圆点交互，查看该记者的具体信息，包括他 / 她的姓名、所属单位、死亡时间和地点，以及死亡原因。通过这样一种单元可视化的方式，我们仿佛能够更接近这些活生生的人，甚至想象到这些记者如何在叙利亚的战火、阿富汗的冲突中坚守新闻理想。

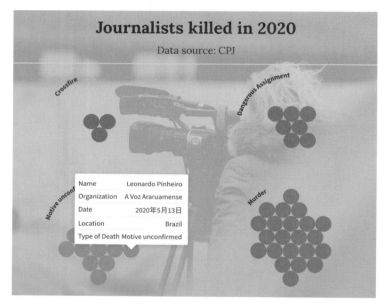

图 5.3.12　用单元可视化展现具体的人

这种注重披露细节的思路也可以用在一般的可视化项目中，以拉近数据与用户之间的距离。例如，图 5.3.13 是一个帮助查询中成药毒性的交互可视化项目。外圈的圆表示一系列常见的中药药材（如芡实、黄芩），内圈的树图表示购物平台上常见的中成药（如桂林西瓜霜），所有的图形都可以点击查看详细信息。由于提供的数据非常具体，用户就可以在交互中获得许多有用的信息（如：常见的中成药里一般都包含哪些药材、是否可能有毒、中成药的包装上是如何描述的），而不仅仅停留在一些抽象的数据结论上。

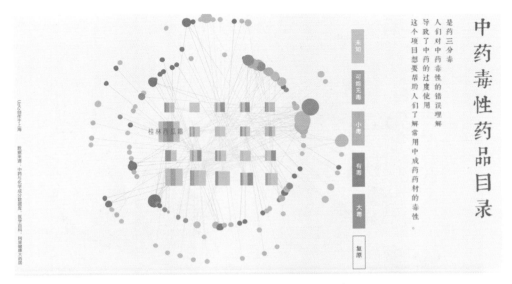

图 5.3.13　中药毒性药品目录[1]

第六，注意沟通的连贯性。

如果你需要呈现一系列数据，或者通过一系列数据得出某个结论，那么就需要考虑沟通的连贯性。在这种情形下，信息传达的过程类似于"讲故事"。为了讲出一个好故事，可视化的设计者需要考虑故事的起承转合，构建出一个顺畅的故事线，乃至情节。在构建连贯性时，你需要事先明确图表中的"故事点"有哪些，它们互相之间的逻辑关联是什么（是递进、并列、转折、因果，还是升华），进而将其串联成一个意义通顺的序列。相应地，可视化的展示顺序、高亮强调，以及排版布局等，都应当为这个故事序列而服务。

此外，我们还可以用一些视觉手法来帮助建立沟通的连贯性。例如，动画转场是一种常见的衔接性手法。图 5.3.14 所示为一个来自微软的项目，可以实现将可视化打散成粒子，再重组为新的可视化的效果，从而减少叙述中的留白。

目前，如 Apache Echarts、D3 等工具都可以实现这种动画转场效果。除了纯粹的酷炫，也方便读者观察数据是如何从一个图表转换到另一个图表的。比如，图 5.3.15 展示了从一个图表从圆环图到散点图的过渡效果。

1　UzKz，中药毒性药品目录，2019

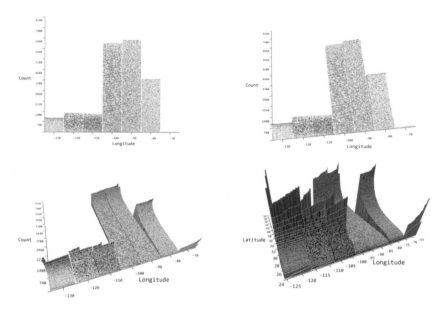

图 5.3.14　Sandance 中的粒子变换

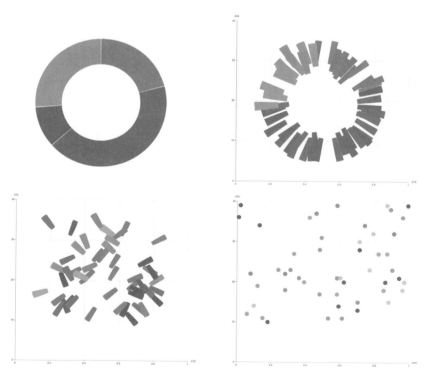

图 5.3.15　Echarts 的动画转场，从一个圆环图过渡到一个散点图

5.4　信息的完整性

一个优秀、专业的可视化设计还应当披露足够完整的信息。这是因为，一方面，对于需要使用这一可视化的人来说，足够的信息有助于帮助辨别图表是否可用；另一方面，对于一般受众来说，完整的信息披露有助于提升人们对该数据可视化的信任度。在一个处处都是数据、图表的时代，单看一个图表，人们很难知道原始数据是什么、作者对这些数据做了哪些操作，以及这些操作是否合理。一个具备较高数据素养的人或许会对此感到警惕或是怀疑，但是对于普通人来说，可能无法敏感地察觉其中的问题。再者，由于大量的数据可视化都是在网络环境下传播的，在经过几轮转发之后，新的用户可能已经不知道图表的源头。出于版权保护、信息追溯等原因，图表的制作者也应当尽量完整地披露信息。

具体而言，完整的信息披露需要考虑以下因素。

第一，数据来源，包括用于数据可视化的原始数据来源于哪里、由谁发布、何时发布等。

这些信息可以帮助读者判断数据来源是否可靠、数据的时效性如何等。同时，如果读者也希望确认或是下载该数据，也能找到对应的链接或者渠道。例如，图 5.4.1 所示为一则关于美国各州疫情数据的可视化，显示了该州最新的核酸检测能力、ICU 病床情况、感染情况等。由于是即时性的数据，作者在可视化的下方清晰地披露了数据的更新日期及数据来源，并加上了超链接。如果读者希望访问原始数据，则可以单击这些超链接进行查看。

当然，在一些时候，可视化的数据来源可能并不是现成的数据库，而是靠作者自己搜集的。在这种情况下，作者就更需要披露数据收集的渠道、方法是什么（如手动搜集、网络爬虫），对数据集进行概述（如包含多少条数据、起止年份是多少），并说明为何该方法是合理、可靠的。

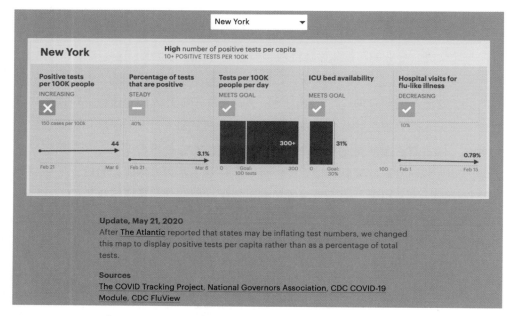

图 5.4.1　可视化最下方披露了数据的更新日期和来源[1]

第二，数据处理方法。

任何原始数据都需要经过一定的处理才能制作成可视化作品。这一过程中可能会涉及一些需要解释的步骤，如对数据的筛选、转换等。以前文出现过的一张图为例（见图 5.4.2），该可视化的原始数据来自一本历史学专著。但是，在考据的时候，一些外商企业的成立时间无法被精确定位，因而被描述为"1926 年前后""1930年前后"等。为了绘图需要，我们将这些模糊数据转换为确定数据（如 1926 年、1930 年），并在可视化的脚注处进行了说明。像这类设计者对于原始数据进行的二次处理或加工，是有必要披露的。

1　ProPublica, States Are Reopening: See How Coronavirus Cases Rise or Fall, 2020

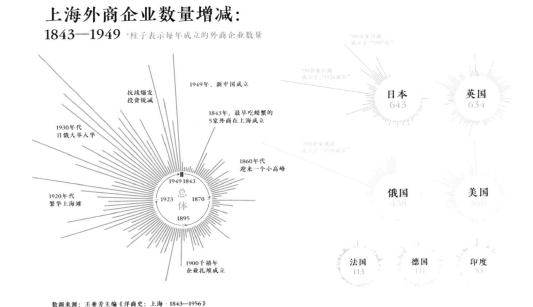

图 5.4.2 可视化下方解释了数据筛选流程[1]

此外，如果数据集中存在缺失值、异常值，而这些值最终没有被纳入数据计算中，也需要披露。例如，在第 4 章的 4.2 节中，我们获得的大气污染数据在 2016 年冬季的几个月份就存在异常值。如果保留这些数据，会导致 2016 年的平均 PM2.5 数值异常高；但如果直接删除，又会使得剩下数据算出的平均值无法反映真实的 PM2.5 情况。因此，在该案例中，我们选择了一个比较简单的方法——不汇报 2016 年的情况，并告知读者原因。另外一种替代方案是尝试给数据"打补丁"，通过从其他的数据源寻找数据，来补足目前缺失的数据。在这种情况下，我们需要再次确认数据源的可靠性。例如，将新的数据与现有数据中不缺失的部分对比，看它们的数据是否一致。如果数据统计口径不一致，则依然不可用。反之，如果证实新数据可用，则也需要在可视化设计中披露这一信息。

第三，概念解释。

有时候，我们在数据分析过程中会使用到一些不太常见的，或者比较抽象、复

---

1 蓝星宇、梁银妍、叶霄麒，寻路上海滩

杂的概念，这种情况也需要进行信息披露。例如，由联合国发起的"世界幸福指数"，
每年会对全球各个国家的幸福程度进行评分和排名。那么，到底什么是"幸福"呢？
如图 5.4.3 所示，在其评价体系中，"幸福"其实是由多个方面共同决定的，包括教育、
健康、环境、管理、时间、文化多样性和包容性、社区活力、内心幸福感、生活水平等。
这每一个方面又对应了一系列具体的、可量化的指标。因此，在每年发布该报告时，
除了公布最终的排名结果，联合国都会对每一个影响"幸福"的指标进行详细解释，
以保证排名的透明性。

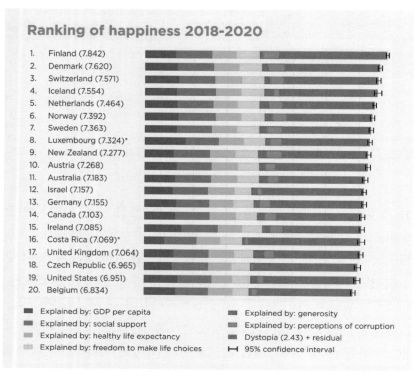

图 5.4.3　世界幸福指数，每一个颜色代表了一个方面，
如 GDP、预期寿命、社会支持等[1]

　　再如，经济合作与发展组织（OECD）每年也会推出区域级的幸福指数，涉及
诸多评价指标。为了解释这些指标，他们推出了专门的可视化页面，供公众查看和
探索。例如，图 5.4.4 展示了美国加利福尼亚州的区域幸福指数。用户首先会看到

1　Sustainable Development Solutions Network, World Happiness Report

一个概括性的可视化视图，11 个维度共同构成了一个类似花朵的形状，并显示了每个维度的得分。比如，加利佛尼亚州在收入水平（income）上的得分是很高的，达到 10 分，而在安全（safety）方面的得分则比较低，只有 4.4 分。在主视图下面，还会出现一系列分视图，对每个维度的分数进行更详细的解释，例如，这个分数在全国排在第几名、相比去年是上升还是下降，等等。这样完善的披露也为公众获取信息、监督信息提供了更便利的途径。

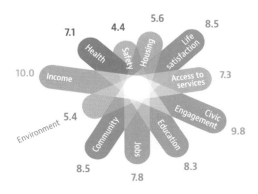

图 5.4.4 经济合作与发展组织（OECD）测算的区域幸福指数[1]

---

1 OECD, Regional Well-being

第四，数据编码方法。

如果数据编码的方法比较复杂、不常见，或存在歧义，那么也需要在可视化设计中进行讲解。例如，我们在前面章节中提到过的玫瑰图，在有些工具中是按扇形角度编码的，有些工具中则是按扇形高度编码的，这就需要澄清。

类似地，对于一些比较新颖的设计，也有必要告诉读者应该如何读图。例如，图 5.4.5 所示为一个艺术可视化作品，设计师用花朵的意象来呈现了战争死亡数据。在进入该作品时，首先会出现一个介绍页（见图 5.4.5（上）），解释数据是如何映射到花朵上的，其中花瓣的大小表示死亡人数，花茎根部到花蕊代表战争的起止时间。有了这样一个图例之后，用户再进入可视化的主视图（见图 5.4.5（下）），就能更快地理解该设计。

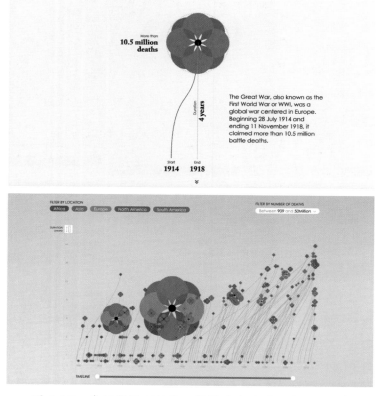

图 5.4.5　多维数据可视化，提供清晰的图例是必要的 [1]

1　Valentina D'Efilippo, Poppy Field

第五，不确定性。

有的时候，我们的数据并非是确定性数据，而是具有猜测的成分，例如预期的趋势、分布等。在这种情况下，严谨的做法是将"不确定性"展现出来。比如，图5.4.6 对全球在不同政策下的温室气体排放量进行了预测，其中线条附近的着色区域代表预测的区间值。比如，粉色部分表明，在没有任何气候政策进行干预的情况下，全球气温将在 2100 年上升 4.1 到 4.8 摄氏度。相比起确定的曲线，这样的可视化更加客观、严谨。它能够告诉读者未来的大致趋势是什么，以及随着时间的推后，预测的不确定性会越来越大。

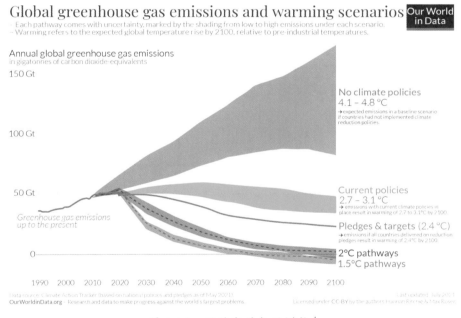

图 5.4.6　不确定的气温增长 [1]

同样地，当我们用散点图来分析两个变量之间的相关性时，可以在回归线上绘制置信区间来表现回归结果的不确定性。与单独的一条回归线相比，置信区间更能显示数据到底是集中地靠近于回归线（意味着回归线非常可信），还是很稀疏地分布在各处（意味着回归线不那么可信）。我们在第 4 章的 4.2 节中，也是使用了这一方法来判断哪些因素最与 PM2.5 浓度相关。

1　Hannah Ritchie and Max Roser, CO_2 and Greenhouse Gas Emissions, 2017

置信区间也可以用在数据的比较中，其典型的视觉表达方法是误差线（error bar）。简单来说，误差线也指示了该类别在某个置信区间上可能的取值范围。这种类型的可视化可以用在具备不确定性的数据比较中。比如，我们想要知道某家餐厅的小费收取情况，因此可以对这家餐厅进行一周的观察，再统计出每天收到的小费数额，并绘制柱状图。但由于我们的观察只相当于一次短期的抽样，是具备不确定性的，因此，我们还可以统计每天收取小费的标准差，并计算置信区间。

可以看到，如图 5.4.7 所示，我们不仅绘制了柱状图（柱子高度表示每天收到的小费均值），还加上了误差线，表示平均值可能上下浮动的范围。可以看到，在图 5.4.7 中，星期五（橙色柱子）的小费浮动是更大的，表示它取值的不确定性也更大。同时，星期天（红色柱子）的小费金额既是最高的，并且不确定性也是最小的。因此，我们可以比较有信心地说，在这次抽样中，我们发现星期日的小费收入是最高的。当然，在严格的数据分析中，我们还需要通过一些专门的统计学检验方法来验证这些数值之间的差异是否具有统计学意义上的显著性。

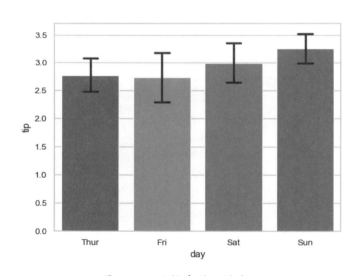

图 5.4.7　比较中的不确定性

还有一些可视化手法可以用来体现不确定性。比如，图 5.4.8 所示为《纽约时报》发布的一个关于电视剧《权力的游戏》的交互小游戏。用户可以拖动《权力的游戏》中的人物，然后在直角坐标系中选择这个人物是美还是丑（纵轴）、是善良还是邪恶（横轴）。选择完毕后，用户对比自己选择的结果，以及其他用户选择的结果。可以看到，小游戏的设计者并没有将所有用户的平均结果用一个确定的点来表示，而是做成了一个热力图。颜色深的地方代表选择的人多，颜色浅的地方代表选择的人少，这也是一种展示不确定性的方法。

与其他人相比，你的评价是怎样的？

琼恩·雪诺
故事的主人公。他一直是公平、公正和强大的形象，尽管有时可能有点忧郁。

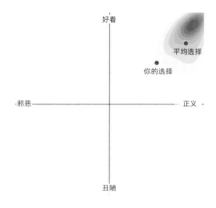

詹姆·兰尼斯特
弑君者；他妹妹的情人；谋杀布兰登·史塔克未遂的人。但最近有了一丝良知的曙光。

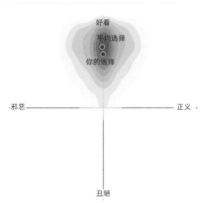

图 5.4.8　《权力的游戏》交互可视化项目 [1]

提升信息完整性的最后一个要点是添加作者信息。常见的方法包括在作品最后加上署名或 Logo，或者在图片上增加水印。这一方面是为了加强作品的可追溯性，让作品在传播过程中不至于不可考；另一方面也可以帮助保护作者自身的知识产权，方便他人合法引用和追究侵权者。

1　New York Times, Good, Evil, Ugly, Beautiful: Help Us Make a 'Game of Thrones' Chart, 2017

在信息传播的过程中，有一种常见的心理现象叫"知识的诅咒"（curse of knowledge），即信息的传播者在自己已经知道某些事情（如数据编码的意义、数据的计算方式等）的情况下，会以为他 / 她的受众也知道这些事情，从而觉得无须解释，最终导致信息沟通的失败。这也是我们为什么需要强调信息完整性的内在原因。要避免知识的诅咒，我们需要有意识地站在受众的角度想问题。在有能力的情况下，还可以总结出一套标准化的信息披露准则。这样，每制作一个新图表时，都可以依据这些准则来行事。

参考资料

[1] Edward Tufte，The Visual Display of Quantitative Information[M]. New York: Graphics Pr，2001.

[2] Alberto Cairo，不只是美：信息图表设计原理与经典案例 [M]. 罗辉，李丽华，译 . 北京：人民邮电出版社，2019.

[3] Chen Q, Sun F, Xu X, et al. Vizlinter: A linter and fixer framework for data visualization[J]. IEEE transactions on visualization and computer graphics, 2021, 28(1): 206–216.

[4] Lee B, Brown D, Lee B, et al. Data visceralization: Enabling deeper understanding of data using virtual reality[J]. IEEE Transactions on Visualization and Computer Graphics, 2020, 27(2): 1095–1105.

[5] Lu M, Wang C, Lanir J, et al. Exploring visual information flows in infographics[C]//Proceedings of the 2020 CHI conference on human factors in computing systems. 2020: 1–12.

[6] Cole Nussbaumer Knaflic，用数据讲故事 [M]. 陆昊，吴梦颖，译 . 北京：人民邮电出版社，2017.

后记

可视化从历史中走来，几乎在每个时期都伴随着两种声音。一种是对创新、大胆的视觉效果的追寻，一种则是对这些视觉效果审慎、批判的反思。两种声音，基于的是不同的立场，适用的是不同的场景。

因此，或许你已经感受到了，在本书中，我们并不偏向于任何一种固定的判断标准，而是根据不同的目的，追寻最"合适"的可视化设计。所谓"合适"，指的是在对的时间做对的事情。根据具体需求的不同，我们可能需要在图表类型之间做出选择，在数据的美观性和准确性之间做出取舍，也可能要在静态图表和交互图表之间做出决策。"合适"指的也是图表与制图人之间的关系。根据我们的个人能力和兴趣，我们需要在工具之间做出抉择，并构建出一个属于自己的最为顺畅的工作流程。

当然，在做出这类决策时，数据的"道德性"和"可读性"永远是需要被前置的。如果数据被扭曲和操纵，那么再美妙的设计也将毫无意义，甚至会变成欺骗的帮凶。同样，如果一个可视化读起来非常困难，读者甚至不会为它而停留，那么再精巧的设计也会被埋没。因此，一个"合适"的可视化，必须是诚实的和可读的。在此基础上，我们才可以继续思考如何使它更美观，如何让数据的价值最大化。

需要说明的是，尽管我们使用了"决策""思考"这样的词汇。很多时候，选择可视化的过程并非完全理性。在很多令人过目难忘的作品中，我们都能看到作者感性思维的痕迹，比如，为可视化寻找一个有趣的视觉隐喻、用可视化来讲述一个动人的故事，等等。在理性和感性思维的共同作用下，看似简单的"标记 + 视觉通道"理论，似乎能幻化出无数种图形，这着实令人惊叹。这也提示我们，在制作可视化作品时，除了准确地把握自己的目的、按图索骥地找到相应的图表，不妨也保持一个开放的心态，发挥自己对数据的想象力。用新鲜的眼光看待数据、感受数据，或许也能带领你找到最合适的可视化形式。

可视化是人类古老的本能，而又在数据时代焕发新生。过去，"可视化"更多是作为一个名词出现，是一种数据的外在表现形式。而如今，"可视化"越来越多地成为一个动词，代表着我们面对数据的一种能力。它体现了制图者对数据的理解，以及试图用数据解决什么问题、沟通什么信息。随着智能技术和交互技术的发展，可视化将更为广泛地出现在电脑、手机、手表、车载设备、室外空间，乃至虚拟环境中，其形态也将不断演化，直至深度融入我们的未来生活。

你准备好使用这把打开数字社会的钥匙了吗？